MikroComputer-Praxis

Herausgegeben von
Dr. L. H. Klingen, Bonn, Prof. Dr. K. Menzel, Schwäbisch Gmünd
und Prof. Dr. W. Stucky, Karlsruhe

BASIC-Physikprogramme

Von Mag. Theodor Duenbostl, Wien
und Mag. Theresia Oudin, Wien

Mit zahlreichen Flußdiagrammen, Programmausdrucken
und einem Farbtafelanhang

Springer Fachmedien Wiesbaden GmbH

ZUR ENTSTEHUNG DIESES BUCHES HABEN BEIGETRAGEN:

o Univ. Prof. Dr. Roman U. Sexl durch Vorträge und Seminare, durch die wir
  wertvolle Anregungen zum Einsatz eines Computers im Rahmen der Schulphysik
  erhalten haben.

o Univ. Doz. Dr. Helmut Kühnelt und Prof. Dr. Anton Schmid durch Diskussionen
  und Anregungen zu diversen Programmen.

o Prokurist Heinrich Kropf, Produktleiter für Taschenrechner und Kleincomputer
  Friedrich Steiger und Verkaufsberater Friedrich Bayer von der Firma FACIT
  ADDO - SHARP, Wien.

o Verkaufsrepräsentant Georg Fürst von der Firma FACIT ADDO - SHARP, Wr.
  Neustadt, durch Bereitstellung einer Computereinheit einschließlich notwendigen Materials.

o Ing. Harald Huber durch Unterstützung bei maschinentechnischen Fragen.

o Maria Duenbostl durch die sorgfältige Reinschrift der Druckvorlagen und die
  mühevolle Beschriftung der Flußdiagramme.

Herzlichen Dank allen Beteiligten.

Die Autoren

CIP-Kurztitelaufnahme der Deutschen Bibliothek

Duenbostl, Theodor
BASIC-Physikprogramme / von Theodor Duenbostl
u. Theresia Oudin. — Stuttgart : Teubner, 1983.
  (Mikrocomputer-Praxis)
  ISBN 978-3-519-02517-7   ISBN 978-3-322-94672-0 (eBook)
  DOI 10.1007/978-3-322-94672-0
NE: Oudin, Theresia:

Umschlaggestaltung: W. Koch, Sindelfingen

VORWORT

Dem Benützer von Mikrocomputern steht eine Vielzahl von Büchern mit Programmen zu mathematischen Problemen sowie zahlreichen Spielprogrammen zur Verfügung. Dieses Buch möchte jedoch ausschließlich die Einsatzmöglichkeit des Computers für die Behandlung physikalischer Themen aufzeigen.

Die vorliegenden Programme behandeln Themen aus verschiedenen Gebieten der Physik. Bei der Zusammenstellung der Programme wurden vorwiegend einfache Aufgaben gewählt. In einem weiteren Band steht dann theoretisch anspruchsvolleren Problemen mehr Raum zur Verfügung.

Für jedes Kapitel wird nach der Problemstellung der physikalische Sachverhalt kurz besprochen. Dabei werden die für das Programm erforderlichen Formeln angegeben. Dadurch sind für die Verwendung der Programme keine wesentlichen physikalischen Vorkenntnisse erforderlich. Auch der mathematische Aufwand ist so gering wie möglich gehalten, so sind keine Kenntnisse aus der Differential- und Integralrechung erforderlich. Allerdings werden in nahezu allen Programmen Winkelfunktionen verwendet.

Probleme, wie die genaue Beschreibung von Wurf- und Fallbewegungen unter Berücksichtigung des Luftwiderstandes, sind üblicherweise nur mit Hilfe von Differentialgleichungen lösbar. Man kann solche Aufgaben jedoch relativ einfach lösen, indem man den Bewegungsablauf in sehr kleine Zeitintervalle zerlegt und wie eine gleichförmige Bewegung behandelt. Die dafür notwendigen Berechnungen sind aber so umfangreich, daß sie nur mit Hilfe eines Computers zu bewältigen sind. In analoger Weise lassen sich die Bahnkurven von Satelliten und Flugkörpern im Gravitationsfeld der Erde berechnen.

Außer bei den Aufgaben, die erst durch den Computer einfach gelöst werden können, ist sein Einsatz dort sinnvoll, wo in kurzer Zeit für beliebig geänderte Anfangsbedingungen Berechnungen bzw. Diagramme von etwas größerem Umfang ausgeführt werden können, wie etwa bei der Behandlung der Relativitätstheorie.

Auch zur Ergänzung von klassischen Experimenten wie die Darstellung von Lissajous-Figuren am Oszilloskop ist die Verwendung des Computers angebracht. So kann das Schwingungsverhalten für eine ganz bestimmte, im Experiment nicht immer leicht realisierbare, konstante Phasenbeziehung gezeigt werden.

Eine Reihe von Demonstrations- und Übungsprogrammen, die zur Vertiefung physikalischer Kenntnisse dienen, ergänzen die Anwendungspalette.

Nach der Problemstellung und Erklärung des physikalischen Sachverhaltes gibt es zu jedem Programm eine ausführliche Programmbeschreibung mit programmtechnischen Hinweisen und zu den meisten Programmen Flußdiagramme.

Von den in Farbe wiedergegebenen Programmausdrucken am Ende des Buches wurden mitunter Abstände oder auch unwesentliche Programmteile (z.B. Dauer des Programmlaufes) aus Platzgründen weggelassen.

Die vorliegenden Programme sind für den SHARP-Pocketcomputer PC 1500 mit dem dazugehörigen 4-Farben-Plotter CE 150 und Speichererweiterung CE 155 erstellt.

Selbstverständlich können diese Programme mit den entsprechenden Änderungen auch auf anderen in BASIC programmierbaren Geräten mit Plotter oder Bildschirm verwendet werden.

Wo es sinnvoll erscheint, wird eine Programmversion angeboten, für die nur ein Drucker benötigt wird.

Theodor Duenbostl
Theresia Oudin

INHALTSVERZEICHNIS

ALLGEMEINE PROGRAMMHINWEISE

ANWEISUNGEN ZU PROGRAMMBEGINN

Am Programmanfang stehen jeweils die Befehle CLEAR zum Löschen
der Variablen, USING für die Ausgabe von Zahlen im üblichen
Format und TEXT für die Betriebsart (Mode) TEXT, falls das Programm im GRAPH-Mode unterbrochen wurde. Diese zuletzt gewählte
Betriebsart wird vom Computer beibehalten, was bei Druckbefeh-
len, wie z.B. LPRINT zu einer Fehlermeldung führt.

In der ersten Programmzeile wird der Speichername des Programms
angegeben. Der GOTO-Befehl wird zur Programmausführung benötigt,
wenn mehrere Programme gleichzeitig in einem Computer gespeichert sind.

DISPLAY

Da die letzte Eingabe auf der Anzeige sichtbar bleibt, ist in
den meisten Programmen ein Befehl, wie z.B. PRINT "GEDULD BITTE",
enthalten. Dieser Text bleibt während des weiteren Programmlaufes auf dem Display stehen. Da der PRINT-Befehl den Programmlauf
anhält, wird durch den Befehl WAIT (mit einer Zahl, die für die
Dauer der Unterbrechung steht) das Programm nach einer bestimmten Zeit fortgesetzt. Auch Textzeilen, die z.B. Anweisungen für
die Eingabe enthalten, sind durch WAIT 150 nur eine gewisse
Zeit lesbar. Danach wird automatisch fortgesetzt.

AKUSTISCHE SIGNALE

Bei einigen Programmen macht der Computer durch einen oder mehrere Töne darauf aufmerksam, daß eine Eingabe erforderlich ist.
Dies geschieht durch den Befehl BEEP, wobei die Anzahl der Töne,
die Tonhöhe und die Tonlänge wählbar sind.
Beim Befehl BEEP 1, 50, 500 steht 1 für die Anzahl der Töne,
50 für die Frequenz, und zwar liegt diese zwischen 230 und 7000
Hertz, und die Zahl 500 ist ein Maß für die Tondauer.

TABELLEN

Zum Tabellendrucken wurden zusätzliche Zählvariable eingeführt,
die z.B. Leerzeilen bewirken, oder daß nur jeder zehnte Rechenschritt gedruckt wird.

PROGRAMMDAUER

Bei allen Programmen wird am Ende die Dauer des Programmlaufes
angegeben. Der Programmbeginn wird mit der Anweisung TIME = O
festgelegt. Am Programmende wird mit A = TIME der Variablen A
die Zeitdauer des Programmlaufes zugewiesen.
Für den Ausdruck in Minuten und Sekunden werden 2 Variable A1
und A2 mit den entsprechenden Werten belegt. Der Wert von A ist
z.B. O.1245, wobei 12 für die Minuten und 45 für die Sekunden
steht. Mit A1 = INT (A . 100) erhält man die Anzahl der Minuten
und mit A2 = 10000 . A - 100 . A1 die Anzahl der Sekunden.

In den Flußdiagrammen ist die Programmdauer nur beim Programm
„Gleichförmige Bewegung" berücksichtigt.

FLUSSDIAGRAMME - SYMBOLE FÜR DEN PROGRAMMABLAUFPLAN

Anfang und Ende des
Programms

Unterprogramm

Manuelle Eingabe
von Daten
(über die Tastatur)

Anschlußpunkt, Programm-
fortsetzung an anderer
Stelle.

Berechnungen, Wert-
zuweisungen an Speicher-
plätze (mit dem Zeichen ":=", weil es sich
oft nicht um mathematische Gleichungen handelt)

Ausgabe von Ergebnissen, Texten oder graphischen
Elementen durch den Drucker, eventuell Ausgabe
von Tönen oder Anzeige auf dem Display.

Abfrage und Verzweigung, abhängig von der Antwort
auf die Frage.

Programmodifikation, z.B. Aufbau von Zählern

IN DEN PROGRAMMEN VERWENDETE BASIC-BEGRIFFE

MATHEMATISCHE FUNKTIONEN

ABS (X) ermittelt den Absolutbetrag des numerischen Ausdrucks X
z. B. ABS (- 6 . 8) = 48.

ACS (X) gibt den Winkel an, dessen Cosinus gleich dem Argument
X ist.

Ob der Winkel in Dezimalgrad (DEG) oder im Bogenmaß
(RAD) ausgegeben wird, ist auf der Anzeige sichtbar,
wobei zusätzlich die Ausgabe in Grad, Minuten und Sekunden erfolgen kann (DMS).

ASN (X) gibt den Winkel an, dessen Sinus gleich dem Argument X
ist.

ATN (X) gibt den Winkel an, dessen Tangens gleich dem Argument
X ist.

COS (X) gibt den Cosinus des Argumentes X an.

INT (X) gibt den ganzzahligen Anteil des numerischen Ausdrucks
an.

PI Die Konstante π ist als 3.141592654 gespeichert.

SIN (X) gibt den Sinus des Argumentes X an.

SQR (X) oder ($\sqrt{\ }$) berechnet die Quadratwurzel des numerischen
Ausdrucks, soferne dieser nicht negativ ist (ERROR 39).

TAN (X) gibt den Tangens des Argumentes X an.

RANDOM Die Instruktion initiiert eine neue Folge von Zufallszahlen.

RND ermittelt eine Zufallszahl.

AND, OR werden für logische Entscheidungen verwendet.

TIME setzt die Uhrzeit.

CSIZE Schriftgröße (1 bis 9)

CLEAR setzt alle Variablen und Felder auf O.

COLOR Farbwahl für den Drucker (O schwarz, 1 blau, 2 grün,
3 rot).

DIM Mit dieser Instruktion werden Feldvariable deklariert.
Feldvariable müssen vor ihrer ersten Benützung definiert und die Größe des Feldes festgelegt werden.

END Letzter Befehl des Programms. Unterprogramme können
nachfolgen, müssen aber ebenso mit END abgeschlossen
werden.

ON ERROR GOTO   Die Instruktion hat direkt auf die Programmausführung keine Wirkung. Erst wenn im Ablauf des Programmes ein Fehler auftritt (z.B. Arcussinus >1), wird das Programm nicht wie sonst abgebrochen, sondern zu dem festgesetzten Sprungziel verzweigt.

FOR .. TO .. STEP .. / NEXT - Schleife
Die Schrittweite muß ganzzahlig sein.

GLCURSOR positioniert den Schreibkopf im Koordinatensystem (im GRAPH-Mode).

GOSUB   Aufforderung, in ein Unterprogramm zu springen.

GOTO   Aufforderung, das Programm in einer bestimmten Zeile fortzusetzen.

GRAPH   Der Drucker wird in die Betriebsart GRAPH gesetzt.

IF .. GOTO   Ist der auf IF folgende Ausdruck wahr, wird das Programm mit der angegebenen Zeilennummer fortgesetzt.

IF .. LET   Variable können unter gegebenen Bedingungen andere Werte erhalten.

IF .. THEN   Ist der auf IF folgende Ausdruck wahr, wird das Programm mit dem auf THEN folgenden Befehl fortgesetzt.

INKEY$ Tastaturabfrage; das Zeichen einer Taste wird Funktionswert.

INPUT   Über die Tastatur werden Daten eingegeben.

LEFT$ entnimmt aus einer Zeichenfolge die ersten Zeichen von links.

LF   steuert den Papiervorschub (Leerzeilen).

LINE   Mit dieser Instruktion werden Linien gezeichnet. Anzugeben sind Anfangs- und Endpunkt, nach einem Komma die Strichart (0 bis 8 für durchgezogene Linie bis grob strichliert) und nach einem weiteren Komma die Farbe (0 bis 3). Ein nachgestelltes B bewirkt, daß ein Rechteck gezeichnet wird, mit den beiden Punkten als diametrale Eckpunkte.
LINE - (.., ..) bewirkt, daß von der augenblicklichen Schreiberposition bis zum angegebenen Punkt gezeichnet wird.

LPRINT   Druckbefehl zur Ausgabe von Ergebnissen oder Texten.

PAUSE   Mit dieser Instruktion werden numerische Werte und/oder Zeichenfolgen auf der Anzeige ausgegeben und der Programmablauf fortgesetzt.
Gleiche Wirkung wie WAIT 54.4:PRINT.

PRINT   Ausgabe von Ergebnissen oder Texten auf dem Display.

REM   definiert eine Kommentarzeile im Programm und wird bei der Ausführung des Programms ignoriert.

RETURN   schließt ein Unterprogramm ab und veranlaßt den Computer, ins Hauptprogramm zurückzukehren.

RLINE	Es werden Linien gezeichnet, bezogen auf ein Koordinatensystem, dessen Ursprung die augenblickliche Schreibposition ist. Hat die gleiche Form und Wirkung wie die LINE-Anweisung.
ROTATE	legt die Schreibrichtung fest (GRAPH-Mode).
SORGN	setzt den Ursprung des Koordinatensystems fest.
TAB	definiert die Schreibposition.
TEXT	setzt den Drucker in die Betriebsart TEXT.
USING	spezifiziert das Ausgabeformat von Texten und Werten numerischer Ausdrücke.
WAIT	unterbricht den Programmlauf für eine gewisse wählbare Zeit.

BREAK	Mit diesem Befehl kann die Programmausführung unterbrochen und soferne das Programm keine Feldvariablen enthält, mit
CONT	fortgesetzt werden.
CLOAD	Dieser Befehl wird zum Einspielen eines Programmes von einer Kassette in den Computer verwendet.
CSAVE	wird zum Speichern des Programmes auf Kassetten verwendet.
ERROR	Fehlermeldung mit Angabe der Art des Fehlers.
LIST, LLIST	Das Programm oder eine einzelne Zeile wird aufgelistet.

1. BROWN'SCHE MOLEKULARBEWEGUNG

PROBLEMSTELLUNG

Für eine bestimmte Anzahl gleich langer Zeitintervalle soll die
Bewegung etwa eines Fettpartikels in verdünnter Milch simuliert
werden.

PHYSIKALISCHE GRUNDLAGEN - PROGRAMMAUFBAU

Betrachtet man unter einem Mikroskop einen Tropfen verdünnter
Milch oder Rauchteilchen in Luft, so beobachtet man bei hinrei-
chender Vergrößerung, daß diese Teilchen lebhaft bewegt sind
und unregelmäßige Zick-zack-Bahnen beschreiben. Diese Erscheinung nennt man nach ihrem Entdecker, dem Botaniker Brown,
Brown'sche Molekularbewegung.

Die Bewegung der festen, eher makroskopischen Teilchen wird
durch die Bewegung der Flüssigkeits- bzw. Luftmoleküle hervor-
gerufen. Diese stoßen regellos auf die in dem betrachteten Medium befindlichen Teilchen. In dem Programm werden die „Bahnen"
eines einzelnen Teilchens in vergrößertem Maßstab dargestellt.
Die Endpunkte der einzelnen Geraden geben die Lage des Teilchens nach konstanten Zeitabschnitten wieder. Bei Verringerung
des Zeitintervalls würde jede dieser geraden Bahnen wieder aus
einer Zick-zack-Linie bestehen.
Die regellose Abfolge der Einzelbewegungen wird durch den Zu-
fallsgenerator des Computers (RANDOM-Anweisung) simuliert
(P1: 290; P2: 180). Die RANDOM-Anweisung initiiert jedesmal
nach dem Einschalten des Computers eine andere zufällige Folge
von Zufallszahlen.

HINWEISE ZUR PROGRAMMGESTALTUNG

PROGRAMM 1

Für eine beliebige Zahl (N < 99) konstanter Zeitintervalle wird
der Aufenthaltsort eines makroskopischen Teilchens innerhalb
der vorgegebenen Grenzen (O < I < 215; O < J < 215) durch die
Funktion RND 215 bestimmt. Die entsprechenden Punkte werden
durch eine Gerade verbunden (350 - 400). Der Behälter des betrachteten Mediums wird durch das Quadrat (340) dargestellt.

PROGRAMM 2

In diesem Programm wird für jeweils 40 Zeitintervalle der Bewegungsablauf eines Partikels innerhalb seiner Begrenzung dargestellt (Unterprogramm 340 - 410). Dies wird zweimal wiederholt
(190, 200), um die jeweils unterschiedlichen Bahnkurven zu de-
monstrieren.

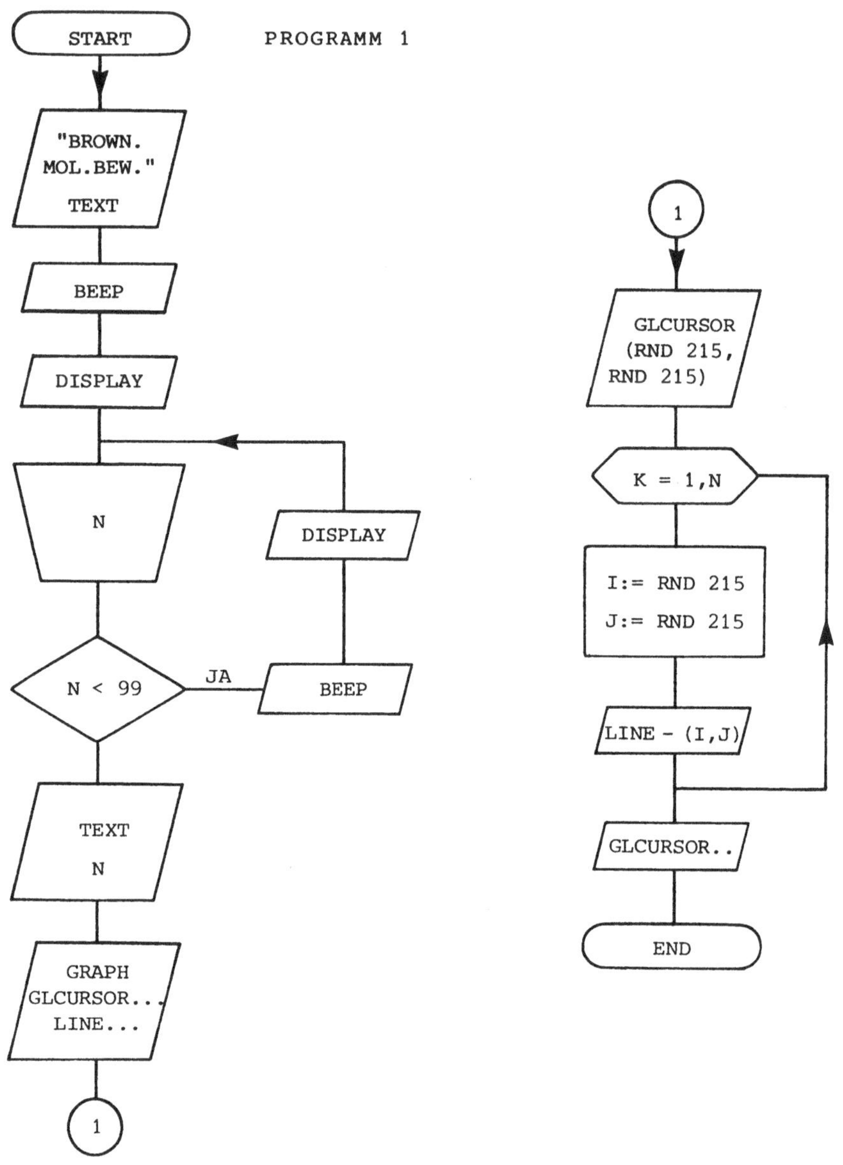

<pre>
 ___ ___   ___   __   __ _ _   ___   ___ _ _ ___
|__)|__ \ /   \ | | | || \| | (__) / || || || __|
BROWN SCHE

MOLEKULARBEWEGUNG
</pre>

```
  5 "BROWN 1":GOTO 60
 10 REM              * * *

 20 REM    *      BROWNSCHE        *
 30 REM    * MOLEKULARBEWEGUNG *
 40 REM         * PROGRAMM 1 *

 50 REM              * * *
 60 CLEAR :TIME =0:CSIZE 2:COLOR 3
 70 TAB 8:LPRINT ","
 80 TAB 3:LPRINT "BROWN SCHE"
 90 LPRINT "MOLEKULARBEWEGUNG":LF 2:COLOR 0
100 LPRINT "    PROGRAMM 1":LF 2:CSIZE 1:COLOR 2
110 LPRINT "DIE LINIEN SIMULIEREN DEN BEWEGUNGS-"
120 LPRINT "ABLAUF EINES FETTTROEPFCHENS IN VER-"
130 LPRINT "DUENNTER MILCH ODER DEN EINES RAUCH-"
140 LPRINT "PARTIKELS IN LUFT !":LF 1
150 BEEP 1,50,500:BEEP 2,70,400:BEEP 1,90,300
160 WAIT 150:PRINT "DIE ANZAHL DER AUFEINANDER"
170 WAIT 150:PRINT "FOLGENDEN BEWEGUNGSAB - "
180 WAIT 150:PRINT "SCHNITTE IST WAEHLBAR !"
190 INPUT "WIEVIEL ABSCHNITTE ? ";N
200 IF N>99GOTO 220
210 GOTO 250
220 BEEP 1,50,500:BEEP 2,70,400:BEEP 1,90,300
230 WAIT 150:PRINT "MAXIMAL 99 ABSCHNITTE !"
240 GOTO 190
250 TAB 5:LPRINT "DARSTELLUNG VON JEWEILS"
260 COLOR 3:TAB 4:LPRINT USING "###";N;
270 COLOR 2:LPRINT " AUFEINANDERFOLGENDEN"
280 TAB 5:LPRINT "BEWEGUNGSABSCHNITTEN !":LF 3
290 GRAPH :RANDOM
300 GLCURSOR (0,-230):SORGN
310 REM              * * *

320 REM        * BEWEGUNG *

330 REM              * * *
340 LINE (0,0)-(215,215),0,3,B
350 GLCURSOR (RND 215,RND 215)
360 FOR K=1TO N
370 I=RND 215:J=RND 215
380 LINE -(I,J),0,1
390 NEXT K
400 GLCURSOR (0,-10)
410 TEXT :CSIZE 1:COLOR 0:LF 3
420 REM              * * *

430 REM       * PROGRAMMDAUER *

440 REM              * * *
450 TAB 10:LPRINT "- - - - - - -":LF 3:USING
460 A=TIME :A1=INT (A*100):A2=10000*A-100*A1
470 LPRINT "DAUER DES PROGRAMMLAUFES :"
480 LPRINT A1;" Minuten  und";A2;" Sekunden"
490 LF 8
500 END


    STATUS 1 : 1570
    STATUS 1 (OHNE REM - ZEILEN) : 1036
```

BROWN SCHE
MOLEKULARBEWEGUNG

PROGRAMM 1

DIE LINIEN SIMULIEREN DEN BEWEGUNGS-
ABLAUF EINES FETTTROEPFCHENS IN VER-
DUENNTER MILCH ODER DEN EINES RAUCH-
PARTIKELS IN LUFT !

DARSTELLUNG VON JEWEILS
10 AUFEINANDERFOLGENDEN
BEWEGUNGSABSCHNITTEN !

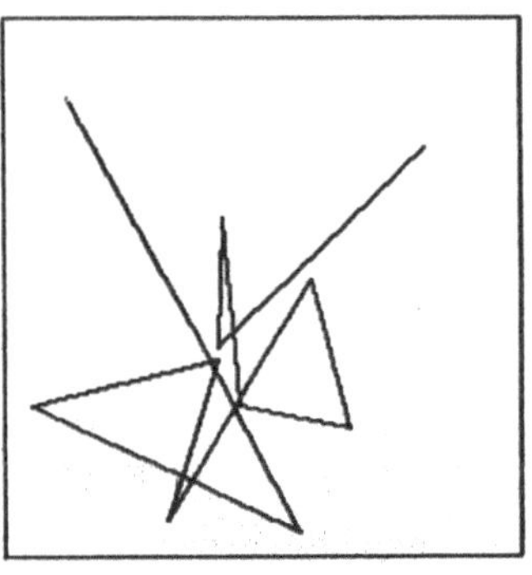

. . - - - - - .

DAUER DES PROGRAMMLAUFES :
' Minuten und 20 Sekunden

DARSTELLUNG VON JEWEILS
25 AUFEINANDERFOLGENDEN
BEWEGUNGSABSCHNITTEN !

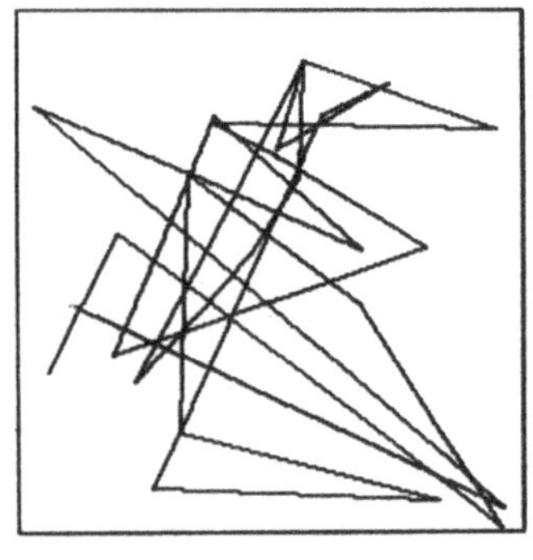

BROWN SCHE

MOLEKULARBEWEGUNG

```
  5 "BROWN 2":GOTO 40
 10 REM          * * *

 20 REM   *       BROWNSCHE       *
 30 REM   * MOLEKULARBEWEGUNG *

 40 REM        * PROGRAMM 2 *

 50 REM          * * *

 60 CLEAR :TIME =0:CSIZE 2:COLOR 3
 70 TAB 8:LPRINT ","
 80 TAB 3:LPRINT "BROWN SCHE"
 90 LPRINT "MOLEKULARBEWEGUNG":LF 2:COLOR 0
100 LPRINT "    PROGRAMM 2":LF 2:CSIZE 1:COLOR 2
110 LPRINT "DIE LINIEN SIMULIEREN DEN BEWEGUNGS-"
120 LPRINT "ABLAUF EINES FETTTROEPFCHENS IN VER-"
130 LPRINT "DUENNTER MILCH ODER DEN EINES RAUCH-"
140 LPRINT "PARTIKELS IN LUFT !":LF 1
150 TAB 5:LPRINT "DARSTELLUNG VON JEWEILS"
160 TAB 5:LPRINT "40 AUFEINANDERFOLGENDEN"
170 TAB 5:LPRINT "BEWEGUNGSABSCHNITTEN !":LF 3
180 GRAPH :RANDOM
190 FOR L=1TO 3:GOSUB 340
200 NEXT L
210 REM          * * *

220 REM     * PROGRAMMDAUER *

230 REM          * * *
240 TEXT :CSIZE 1:COLOR 0:LF 3
250 TAB 10:LPRINT "- - - - - - -":LF 3
260 A=TIME :A1=INT (A*100):A2=10000*A-100*A1
270 USING
280 LPRINT "DAUER DES PROGRAMMLAUFES :"
290 LPRINT A1;" Minuten  und";A2;" Sekunden":LF 8
300 END
310 REM          * * *

320 REM   * U.PROGR. / BEWEGUNG *

330 REM          * * *
340 LINE (0,0)-(215,-215),0,3,B
350 GLCURSOR (I,-J)
360 FOR K=1TO 40
370 I=RND 215:J=RND 215
380 LINE -(I,-J),0,1
390 NEXT K
400 GLCURSOR (0,-230):SORGN
410 RETURN
420 END


    STATUS 1 : 1344
    STATUS 1 (OHNE REM - ZEILEN) : 746
```

BROWN SCHE
MOLEKULARBEWEGUNG

PROGRAMM 2

DIE LINIEN SIMULIEREN DEN BEWEGUNGS-
ABLAUF EINES FETTTROEPFCHENS IN VER-
DUENNTER MILCH ODER DEN EINES RAUCH-
PARTIKELS IN LUFT !

DARSTELLUNG VON JEWEILS
40 AUFEINANDERFOLGENDEN
BEWEGUNGSABSCHNITTEN !

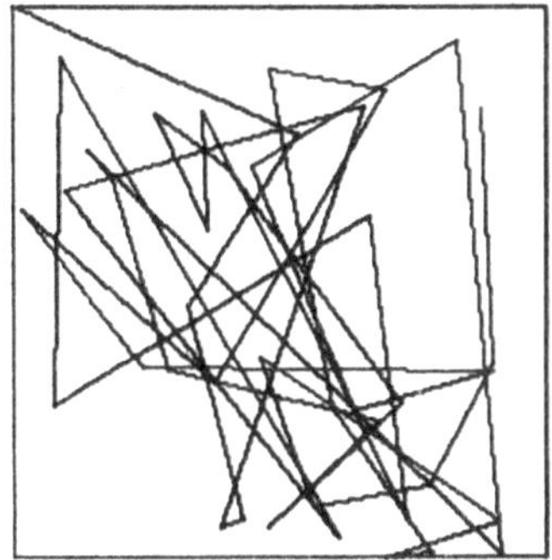

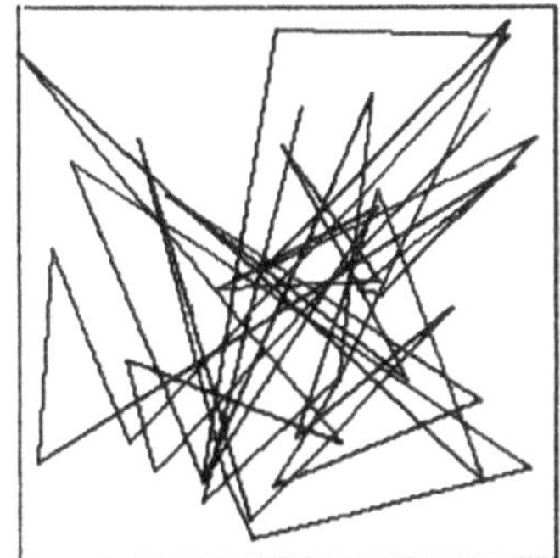

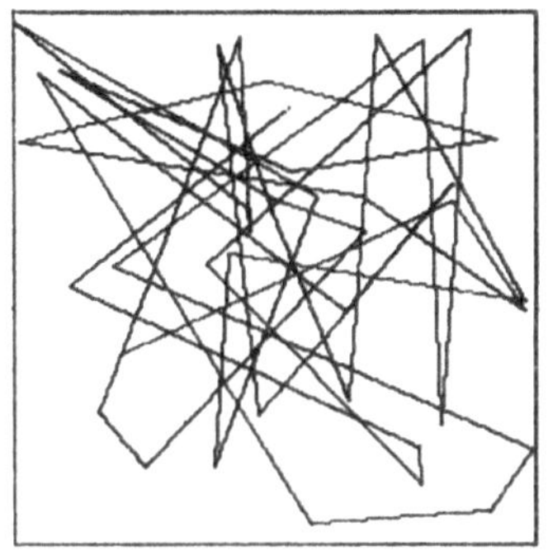

Siehe Farbanhang 1

2. ZUSAMMENSETZUNG VON KRÄFTEN

PROBLEMSTELLUNG

Zwei oder mehrere Kräfte können in ihrer Wirkung durch eine einzige Kraft, die resultierende Kraft, ersetzt werden.

PHYSIKALISCHE GRUNDLAGEN - PROGRAMMAUFBAU

Kräfte sind vektorielle Größen. Greifen zwei Kräfte F_1, F_2 an einem Punkt P an, so können diese beiden Kräfte durch eine Kraft, die resultierende Kraft R, ersetzt werden. Die Wirkung der Resultierenden und damit der Kräfte F_1 und F_2 kann durch eine entgegengesetzt gerichtete Kraft F_3 aufgehoben werden. F_1, F_2 und F_3 befinden sich im statischen Gleichgewicht, der Punkt P ist kräftefrei.

HINWEISE ZUR PROGRAMMGESTALTUNG

PROGRAMM 1:

Eingegeben werden die Kräfte F_1 und F_2 in Newton, sowie der Winkel A, den die beiden Kräfte miteinander einschließen. Wenn die beiden Kräfte parallel sind, also A = O, dann wird die Resultierende durch Addition der Beträge ermittelt. Für alle anderen Fälle wird mit Hilfe des Cosinus-Satzes (Winkel B = 180 - A) die Größe der Resultierenden R ermittelt und dann mit dem Sinus-Satz der Winkel D zwischen F_1 und R. Der Winkel E zwischen F_2 und R ergibt sich als Differenz A - D.

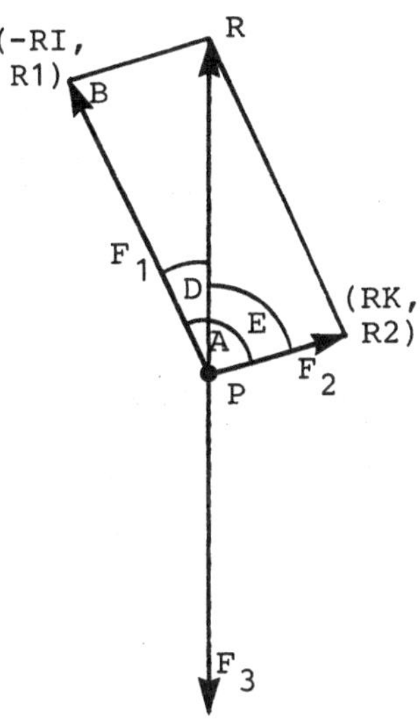

Die Ein- und Ausgabe der Winkel erfolgt in Grad, Minuten und Sekunden, gerechnet wird jedoch in Dezimalgrad. Der Unterschied U zwischen der Summe der Beträge und der tatsächlichen Resultierenden wird in Newton und in Prozent angegeben.

PROGRAMM 2:

Die Berechnung der Resultierenden und der Winkel zwischen den einzelnen Kräften und der Resultierenden erfolgt wie im Programm 1 (bis 480). Für die graphische Darstellung muß noch eine Reihe weiterer Größen berechnet werden: R1, RI, R2, RK für

die Endpunkte der Pfeile; XA, YA, XE, YE, G, P, Q für die
Pfeilspitzen (Unterprogramm ab 1500).
Wenn RI oder RK größer als 105 ist, wird keine Zeichnung ange-
fertigt (Abfrage in 530, Z = 1) und dies auf dem Display ange-
zeigt (850).
Für parallele Kräfte ist die Darstellung entsprechend einfacher.
Wenn die Kräfte F_1 und F_2 entgegengesetzt gerichtet sind, er-
folgt nur für $F_1 > F_2$ eine richtige Zeichnung.

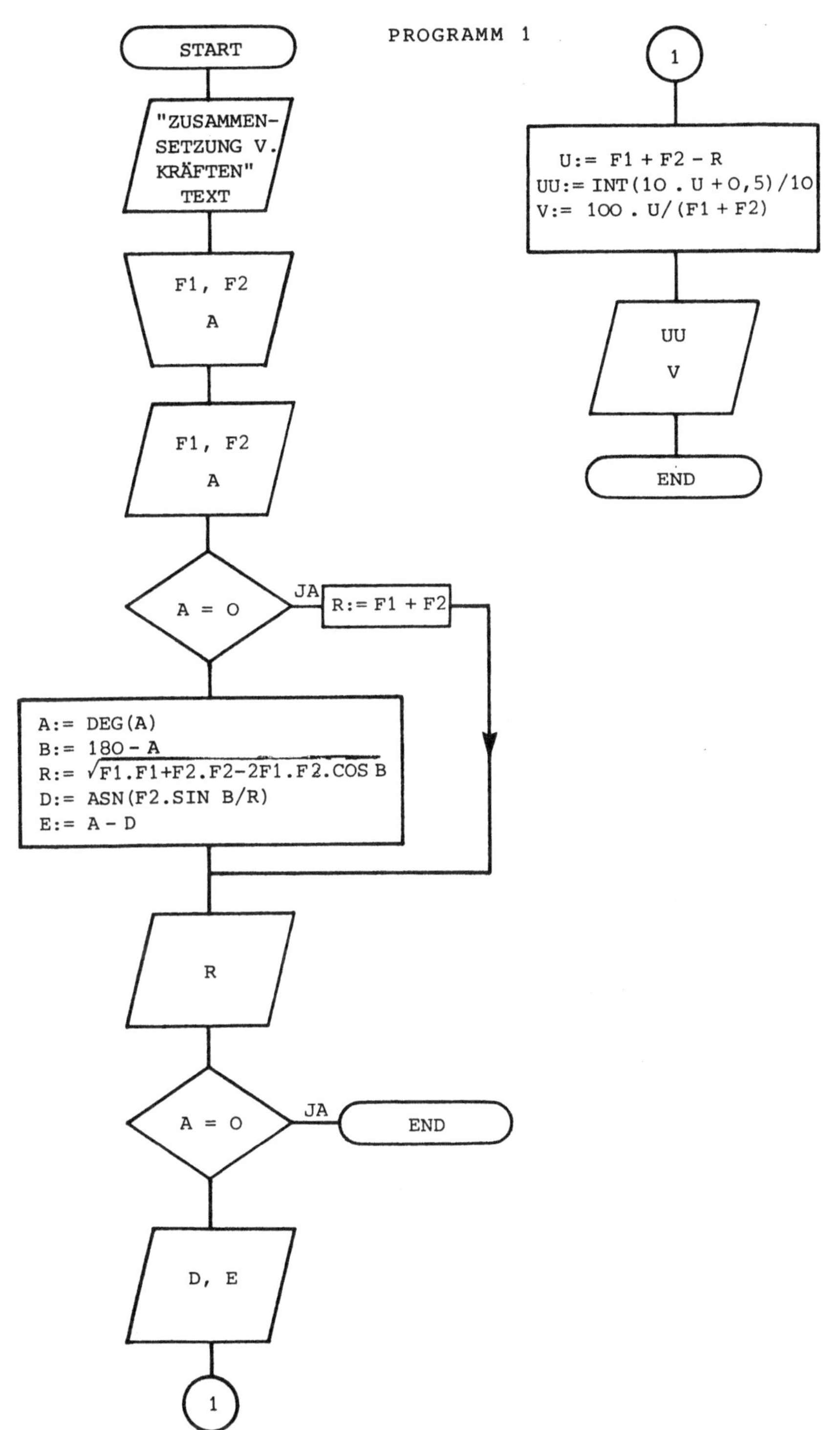

PROGRAMM 1
START
"ZUSAMMEN-
SETZUNG V.
KRÄFTEN"
TEXT
F1, F2
A
F1, F2
A
A = O
JA
R:= F1 + F2
A:= DEG(A)
B:= 180 - A
R:= √F1.F1+F2.F2-2F1.F2.COS B
D:= ASN(F2.SIN B/R)
E:= A - D
R
A = O
JA
END
D, E
1
1
U:= F1 + F2 - R
UU:= INT(10 . U + O,5)/10
V:= 100 . U/(F1 + F2)
UU
V
END

ZUSAMMENSETZUNG VON KRAEFTEN

```
  5 "KRAFT 1":GOTO 50
 10 REM               * * *

 20 REM       ***   KRAFT   ***

 30 REM       *   PROGRAMM 1   *

 40 REM               * * *
 50 TEXT :CLEAR :USING :COLOR 3
 60 LPRINT "   ZUSAMMENSETZUNG"
 70 LPRINT "    VON   KRAEFTEN"
 80 LF 2:COLOR 0
 90 LPRINT "     PROGRAMM 1"
100 LF 1:COLOR 2:CSIZE 1
110 LPRINT "FUER 2 KRAEFTE F1 UND F2 WIRD"
120 LPRINT "DIE KRAFT F3,DIE DEN BEIDEN KRAEFTEN"
130 LPRINT "DAS GLEICHGEWICHT HAELT, BERECHNET."
140 REM               * * *

150 REM   * EINGABE:2 KRAEFTE/WINKEL F1,F2 *

160 REM               * * *
170 INPUT "1.KRAFT : ";F1
180 INPUT "2.KRAFT : ";F2
190 WAIT 100:PRINT "WINKEL ZWISCHEN F1 UND F2
200 WAIT 100:PRINT "IN GRAD.MINUTEN SEKUNDEN"
210 INPUT "WINKEL : ";A
220 WAIT 10:PRINT "   GEDULD BITTE !"
230 COLOR 0:USING "#######.#":LF 2
240 LPRINT "1.KRAFT : ";F1;" N"
250 LPRINT "2.KRAFT : ";F2;" N"
260 TAB (35):LPRINT "o"
270 LPRINT "WINKEL ZWISCHEN F1 UND F2:";
280 LPRINT USING "####.####";A
290 IF A=0LET R=F1+F2:GOTO 370
300 REM               * * *

310 REM       * BERECHNUNG *

320 REM               * * *
330 A=DEG (A):B=180-A
340 R=SQR (F1*F1+F2*F2-2*F1*F2*COS (B))
350 D=ASN (F2*SIN B/R)
360 E=A-D
370 LF 2:COLOR 3:USING "#######.#"
380 LPRINT "BETRAG DER RESULTIERENDEN:":LF 1
390 TAB (10):LPRINT INT (10*R+0.5)/10;" N"
400 IF A=0THEN LF 5:COLOR 0:END
410 COLOR 1:LF 1
420 TAB (34):LPRINT "o"
430 LPRINT "WINKEL ZWISCHEN F1 UND R:";
440 LPRINT USING "####.####";DMS D
450 TAB (34):LPRINT "o"
460 LPRINT "WINKEL ZWISCHEN F2 UND R:";DMS E
470 LF 2:COLOR 1
480 U=F1+F2-R:UU=INT (10*U+0.5)/10
490 V=100*U/(F1+F2)
500 USING "#####.#"
510 LPRINT "UNTERSCHIED ZU F1+F2 : ";UU;" N"
520 TAB (7):LPRINT "ODER   ";
530 LPRINT USING "###.#";INT (10*U+0.5)/10;" %"
540 COLOR 0:USING :LF 8
550 END
```

ZUSAMMENSETZUNG VON KRAEFTEN

PROGRAMM 1

```
FUER 2 KRAEFTE F1 UND F2 WIRD
DIE KRAFT F3,DIE DEN BEIDEN KRAEFTEN
DAS GLEICHGEWICHT HAELT, BERECHNET.


1.KRAFT :      120.0 N
2.KRAFT :      180.0 N

WINKEL ZWISCHEN F1 UND F2:   75.0000°


BETRAG DER RESULTIERENDEN:

        240.8 N


WINKEL ZWISCHEN F1 UND R:  46.1329°

WINKEL ZWISCHEN F2 UND R:  28.4630°


UNTERSCHIED ZU F1+F2 :    59.2 N
        ODER    19.7 %
```

ZUSAMMENSETZUNG VON KRAEFTEN

PROGRAMM 1

```
FUER 2 KRAEFTE F1 UND F2 WIRD
DIE KRAFT F3,DIE DEN BEIDEN KRAEFTEN
DAS GLEICHGEWICHT HAELT, BERECHNET.


1.KRAFT :       85.6 N
2.KRAFT :       72.4 N

WINKEL ZWISCHEN F1 UND F2:   45.3020°


BETRAG DER RESULTIERENDEN:

       145.8 N


WINKEL ZWISCHEN F1 UND R:  20.4445°

WINKEL ZWISCHEN F2 UND R:  24.4534°


UNTERSCHIED ZU F1+F2 :    12.2 N
        ODER    7.7 %
```

ZUSAMMENSETZUNG VON KRAEFTEN

```
  5 "KRAFT 2":GOTO 50
 10 REM            * * *

 20 REM      ***  KRAFT  ***
 30 REM       *  PROGRAMM 2  *

 40 REM            * * *
 50 TEXT :CLEAR :USING :COLOR 3
 60 TIME =0
 70 LPRINT "  ZUSAMMENSETZUNG"
 80 LPRINT "    VON  KRAEFTEN"
 90 LF 2:COLOR 0
100 LPRINT "      PROGRAMM 2"
110 LF 1:COLOR 2:CSIZE 1
120 LPRINT "FUER 2 KRAEFTE F1 UND F2 WIRD"
130 LPRINT "DIE KRAFT F3,DIE DEN BEIDEN KRAEFTEN"
140 LPRINT "DAS GLEICHGEWICHT HAELT, BERECHNET"
150 LPRINT "UND GRAPHISCH DARGESTELLT.":LF 2
160 REM            * * *

170 REM  * EINGABE:2 KRAEFTE/WINKEL F1,F2 *

180 REM            * * *
190 WAIT 150:PRINT "KRAEFTE MAX. 300 N"
200 INPUT "1.KRAFT : ";F1
210 INPUT "2.KRAFT : ";F2
220 WAIT 100:PRINT "WINKEL ZWISCHEN F1 UND F2
230 WAIT 100:PRINT "IN GRAD.MINUTEN SEKUNDEN"
240 INPUT "WINKEL : ";A
250 WAIT 10:PRINT "    GEDULD BITTE !"
260 COLOR 0
270 LPRINT "1.KRAFT : ";USING "####";F1;" N"
280 LPRINT "2.KRAFT : ";F2;" N"
290 TAB (35):LPRINT "o"
300 LPRINT "WINKEL ZWISCHEN F1 UND F2:";
310 LPRINT USING "####.####";A
320 IF A=0LET R=F1+F2:GOTO 980
330 REM            * * *

340 REM       * BERECHNUNG *

350 REM            * * *
360 A=DEG (A):B=180-A
370 R=SQR (F1*F1+F2*F2-2*F1*F2*COS (B))
380 D=ASN (F2*SIN B/R)
390 E=A-D
400 LF 2:COLOR 3:USING "#####.#"
410 LPRINT "BETRAG DER RESULTIERENDEN:":LF 1
420 TAB (10):LPRINT INT (10*R+0.5)/10;" N"
430 COLOR 1:LF 1
440 TAB (34):LPRINT "o"
450 LPRINT "WINKEL ZWISCHEN F1 UND R:";
460 LPRINT USING "####.####";DMS D
470 TAB (34):LPRINT "o"
480 LPRINT "WINKEL ZWISCHEN F2 UND R:";DMS E
490 R1=F1*COS D
500 RI=F1*SIN D
510 R2=F2*COS E
520 RK=F2*SIN E
530 IF RI>105OR RK>105LET Z=1:GOTO 850
```

ZUSAMMENSETZUNG VON KRAEFTEN

PROGRAMM 2

FUER 2 KRAEFTE F1 UND F2 WIRD
DIE KRAFT F3,DIE DEN BEIDEN KRAEFTEN
DAS GLEICHGEWICHT HAELT, BERECHNET
UND GRAPHISCH DARGESTELLT.

```
1.KRAFT :   120 N
2.KRAFT :   160 N

WINKEL ZWISCHEN F1 UND F2:   80.0000°

BETRAG DER RESULTIERENDEN:

        216.0 N

WINKEL ZWISCHEN F1 UND R:   46.5007°

WINKEL ZWISCHEN F2 UND R:   33.0952°
```

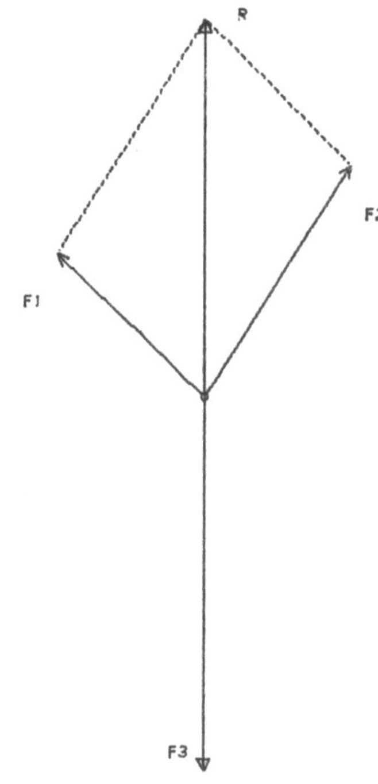


```
UNTERSCHIED ZU F1+F2 :   64 N
        ODER   22.8 %
```

- - - - - - -

```
DAUER DES PROGRAMMLAUFES :
2 Minuten und 19 Sekunden
```

```
540 REM              * * *
550 REM   * GRAPHISCHE DARSTELLUNG *
560 REM              * * *
570 WAIT 10:PRINT "KRAEFTEPARALLELOGRAMM"
580 GRAPH :CSIZE 1:COLOR 0
590 GLCURSOR (110,-(R+40)):SORGN
600 LINE -(0,R)
610 LINE (-4,R-7)-(0,R)-(4,R-7)-(-4,R-7)
620 GLCURSOR (-2,-2)
630 LPRINT "o"
640 GLCURSOR (20,R)
650 LPRINT "R"
660 LINE (0,0)-(-RI,R1),0,1
670 X=RI:Y=R1:U=D
680 GOSUB 1500
690 LINE (-XA,YA)-(-X,Y)-(-XE,YE)
700 GLCURSOR (-RI-20,R1-30)
710 LPRINT "F1"
720 LINE (-RI,R1)-(0,R),1,0
730 LINE (0,0)-(RK,R2),0,2
740 U=E:X=RK:Y=R2
750 GOSUB 1500
760 LINE (XA,YA)-(X,Y)-(XE,YE)
770 GLCURSOR (RK+10,R2-30)
780 LPRINT "F2"
790 LINE (RK,R2)-(0,R),1,0
800 LINE (0,0)-(0,-R),0,3
810 LINE (-4,-R+7)-(4,-R+7)-(0,-R)-(-4,-R+7)
820 GLCURSOR (-20,-R+8)
830 LPRINT "F3"
840 GLCURSOR (-110,-(R+30))
850 IF Z=1WAIT 10:PRINT "    KEINE ZEICHNUNG !"
860 TEXT :LF 2
870 U=F1+F2-R:UU=INT (10*U+0.5)/10
880 V=100*U/(F1+F2)
890 CSIZE 1:COLOR 1:USING
900 LPRINT "UNTERSCHIED ZU F1+F2 : ";UU;" N"
910 TAB (7):LPRINT "ODER   ";
920 LPRINT USING "###.#";INT (10*U+0.5)/10;" %"
930 COLOR 0:USING :LF 2
940 GOTO 1210
950 REM              * * *
960 REM   * PARALLELE KRAEFTE *
970 REM              * * *
980 LF 2:COLOR 1:WAIT 1:PRINT "KRAEFTE PARALLEL"
990 LPRINT "DIE KRAEFTE SIND PARALLEL."
1000 LPRINT "DER BETRAG DER RESULTIERENDEN"
1010 LPRINT "IST GLEICH F1+F2"
1020 LF 1:COLOR 3:USING "######"
1030 LPRINT "RESULTIERENDE: ";R;" N"
1040 GRAPH :CSIZE 1
1050 GLCURSOR (110,-R-20):SORGN
1060 LINE -(0,F1),0,1
1070 LINE (-4,F1-7)-(0,F1)-(4,F1-7)
1080 GLCURSOR (15,F1-10)
1090 LPRINT "F1"
1100 LINE (0,F1)-(0,R),0,2
1110 LINE (-4,R-7)-(0,R)-(4,R-7)
1120 GLCURSOR (15,R-10)
1130 LPRINT "F2"
1140 GLCURSOR (-2,-2)
1150 COLOR 0:LPRINT "o"
1160 LINE (0,0)-(0,-R),0,3
1170 LINE (-4,-R+7)-(0,-R)-(4,-R+7)-(-4,-R+7)
```

ZUSAMMENSETZUNG VON KRAEFTEN

PROGRAMM 2

```
FUER 2 KRAEFTE F1 UND F2 WIRD
DIE KRAFT F3,DIE DEN BEIDEN KRAEFTEN
DAS GLEICHGEWICHT HAELT, BERECHNET
UND GRAPHISCH DARGESTELLT.

1.KRAFT :    85 N
2.KRAFT :   110 N

WINKEL ZWISCHEN F1 UND F2: 120.3030°

BETRAG DER RESULTIERENDEN:

      99.2 N

WINKEL ZWISCHEN F1 UND R:  72.5356°

WINKEL ZWISCHEN F2 UND R:  47.3633°
```

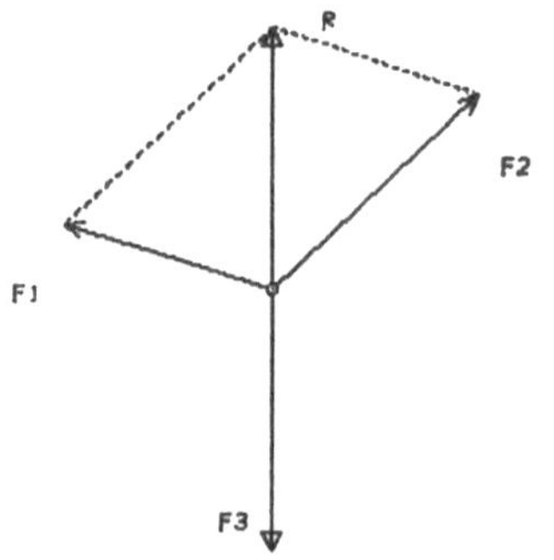

```
UNTERSCHIED ZU F1+F2 :  95.8 N
      ODER   49.2 %

 - - - - - - -

DAUER DES PROGRAMMLAUFES :
2 Minuten und 21 Sekunden
```

```
1180 GLCURSOR (-20,-R+5):COLOR 3
1190 LPRINT "F3"
1200 TEXT :CSIZE 1:COLOR O:USING :LF 2
1210 TAB 10:LPRINT "- - - - - - - -":LF 3
1220 REM            * * *

1230 REM      * PROGRAMMDAUER *

1240 REM            * * *
1250 A=TIME
1260 A1=INT (100*A):A2=10000*A-100*A1
1270 LPRINT "DAUER DES PROGRAMMLAUFES :"
1280 LPRINT A1;" Minuten und";A2;" Sekunden"
1290 LF 8
1300 END
1470 REM            * * *

1480 REM      * PFEILSPITZEN *

1490 REM            * * *
1500 G=90-U:P=G-23:Q=G+23
1510 XP=8*COS P:YP=8*SIN P
1520 XQ=8*COS Q:YQ=8*SIN Q
1530 XA=X-XP:YA=Y-YP:XE=X-XQ:YE=Y-YQ
1540 RETURN
1550 END


     STATUS 1 : 3637
     STATUS 1 (OHNE REM - ZEILEN) : 2601
```

ZUSAMMENSETZUNG
VON   KRAEFTEN

PROGRAMM 2

FUER 2 KRAEFTE F1 UND F2 WIRD
DIE KRAFT F3, DIE DEN BEIDEN KRAEFTEN
DAS GLEICHGEWICHT HAELT, BERECHNET
UND GRAPHISCH DARGESTELLT.

1.KRAFT : 120 N
2.KRAFT :   60 N

WINKEL ZWISCHEN F1 UND F2:   0.0000°

DIE KRAEFTE SIND PARALLEL.
DER BETRAG DER RESULTIERENDEN
IST GLEICH F1+F2

RESULTIERENDE: 180 N

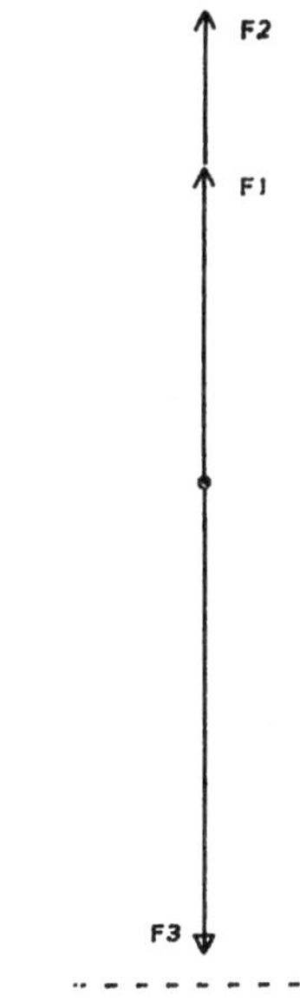

DAUER DES PROGRAMMLAUFES :
1 Minuten und 40 Sekunden

3. GLEICHFÖRMIGE BEWEGUNG

PROBLEMSTELLUNG

Für drei - innerhalb bestimmter Grenzen frei wählbare -
Geschwindigkeiten wird der Zusammenhang zwischen den Größen Weg,
Geschwindigkeit und Zeit tabellarisch als auch graphisch darge-
stellt.

PHYSIKALISCHE GRUNDLAGEN - PROGRAMMAUFBAU

Bewegt sich ein Körper mit konstanter Geschwindigkeit, so sind
Zeit und zurückgelegter Weg direkt proportional.

Es gilt: $s = v \cdot t$ s ... Weg (in m)

ebenso $t = \dfrac{s}{v}$ v ... Geschwindigkeit (in m/s)

t ... Zeit (in s)

In dem vorliegenden Programm können drei Geschwindigkeiten innerhalb gewisser Grenzen, die durch das Ausgabeformat bzw. die
für das Koordinatensystem gewählten Einheiten gegeben sind, gewählt werden. Für diese werden die für bestimmte Wegstrecken be-
nötigten Zeiten und die in bestimmten Zeitintervallen zurückgelegten Wege als Tabelle ausgedruckt bzw. graphisch dargestellt.
Aus der graphischen Darstellung lassen sich direkt Wege bzw.
Zeiten ablesen. Es kann so „mit einem Blick" der Zusammenhang
zwischen zurückgelegtem Weg und Größe der Geschwindigkeit er-
kannt werden. Die Gerade ist um so steiler, je rascher die Bewegung erfolgt.
Bei diesen Betrachtungen wurde von einer Bewegung, die über
längere Zeit mit konstanter Geschwindigkeit erfolgt, ausgegangen. Da dies in Wirklichkeit selten erreicht werden kann, muß
man v als mittlere Geschwindigkeit für das Zeitintervall be-
trachten.

HINWEISE ZUR PROGRAMMGESTALTUNG

PROGRAMM 1

In diesem Programm werden nur Tabellen gedruckt. Die Geschwindigkeiten dürfen maximal 195 m/s betragen, weil das Format des
Ausdrucks in der zweiten Tabelle wegen der Übersichtlichkeit
nicht größer als siebenstellig (inklusive 1 Dezimalstelle)

gewählt wurde. Die drei eingegebenen Geschwindigkeiten V(1),
V(2) und V(3) werden als eindimensionales Feld V(I) gespeichert
(140 Dimensionierung des Feldes). Die Farben 1 = blau, 2 = grün,
3 = rot werden den drei Geschwindigkeiten zugeordnet, sodaß jede Geschwindigkeit während des ganzen Programms in einer bestimmten Farbe gedruckt wird.

Die erste Tabelle gibt für die vorgegebenen Strecken die benötigte Zeit (in s) an und zwar für die Bereiche 10 - 50 m, 100 -
500 m und 1000 - 5000 m. Die Zeitangaben sind auf Zehntel gerundet. Um die Tabelle mehrfach verwenden zu können, ist sie als
Unterprogramm aufrufbar (1100), wobei die Grenzen sowie die
Schrittweite (A, B, C) der Tabelle vorher zugewiesen werden.
Die Überschriften der Tabellen werden im Unterprogramm 1000 gedruckt. Die Stringvariable A$ wird mit "m" (für Meter) für die
erste Tabelle und mit "s" (für Sekunden) für die zweite Tabelle
belegt.

Im Unterprogramm werden die Zeiten nach der Formel T = J/V(I)
berechnet, wobei J der Weg (in m), T die benötigte Zeit (in s)
und V(I) die jeweilige Geschwindigkeit (in m/s) ist.

Die zweite Tabelle gibt für vorgegebene Zeitintervalle die zurückgelegten Wege an. Im Unterprogramm wird mit der Formel
T = J.V(I) gerechnet, wobei T nun für den Weg und J für die
Zeit steht. Die Verwendung dieser zweiten Formel wird durch die
Abfrage der Belegung der Stringvariablen A$, die nun "s" ist
(1140), erreicht. Die Festlegung der Grenzen für die Schleife
wird wie bei der ersten Tabelle vorgenommen. Deshalb erfolgt
ein Rücksprung von 550 nach 380. Es wird aber früher abgebrochen, da sonst die zurückgelegten Wege zu groß würden. Der Ab-
bruch wird wieder durch Abfrage von A$ erreicht.

Die Programmdauer wird mit Hilfe der Funktion TIME angegeben.
Am Beginn des Programms wird TIME = 0 gesetzt (70). Am Programmende (610 - 650) wird durch Berechnen der Minuten und Sekunden
aus der Zeitangabe (A = TIME) die Dauer des Programmlaufes angegeben.

PROGRAMM 2:

Es werden zwei Diagramme gezeichnet. Zuerst wird der zurückge-
legte Weg (s) in Abhängigkeit von der Zeit (t) dargestellt.

Es ergeben sich drei Gerade, deren Steigung um so größer ist, je größer die Geschwindigkeit ist. Die drei Geraden werden in den für die Geschwindigkeiten bestimmten Farben gezeichnet.

Das Display zeigt an, welches Diagramm gezeichnet wird (320 und 390). Die Graphik beginnt in 360, im Abschnitt 370 bis 570 wird das Koordinatensystem angefertigt und beschriftet. Die Zeit kann maximal 80 Sekunden sein (entspricht 160 Punkten), der Weg max. 2000 m (entspricht 200 Punkten). Die Beschriftung des Koordinatensystems erfolgt in zwei Schleifen; die Zeitachse wird aber nur bei jedem zweiten Teilstrich beschriftet. Dies wird erreicht durch die Abfrage in 510 (IF J/40 = INT (J/40) ... keine Beschriftung).
Die Gerade wird jeweils durch den Koordinatenursprung und den Endpunkt festgelegt. Zur Berechnung des Endpunktes wird der Weg mit 2000 m festgesetzt und die dazugehörige Zeit nach der Formel 2000/V(I) berechnet (600). Falls sich eine zu große Zeit (> 80 s) ergibt, wird als Endpunkt T = 80 s und der dazugehörige Weg 80 . V(I) gewählt.

Für das Geschwindigkeits-Zeit-Diagramm bleibt die Zeitachse gleich, die größte dargestellte Geschwindigkeit beträgt jedoch 100 m/s (entspricht 200 Punkten). Das Koordinatensystem wird in 740 bis 930 gezeichnet. Die Geschwindigkeit wird durch eine Gerade parallel zur Zeitachse dargestellt. Der Endpunkt liegt bei 85 s (entspricht 170 Punkten).

PROGRAMM 1

START
"GLEICH-
FÖRMIGE
BEWEGUNG"
DIM V(3)
V (1)
V (2)
V (3)
I = 1,3
COLOR I
V (I)
"BENÖ-
TIGTE
ZEIT"
A $ ="m"
F
F
U 1
A:= 10
B:= 50
C:= 10
U 2
A:= 100
B:= 500
C:= 100
U 2
A $ = "s"
JA
A:= TIME
A1:= ...
A2:= ...
A:= 1000
B:= 5000
C:= 1000
U 2
"ZURÜCK-
GELEGTER
WEG"
A $ = "s"
"PROGRAMM-
DAUER";
A1; A2
END

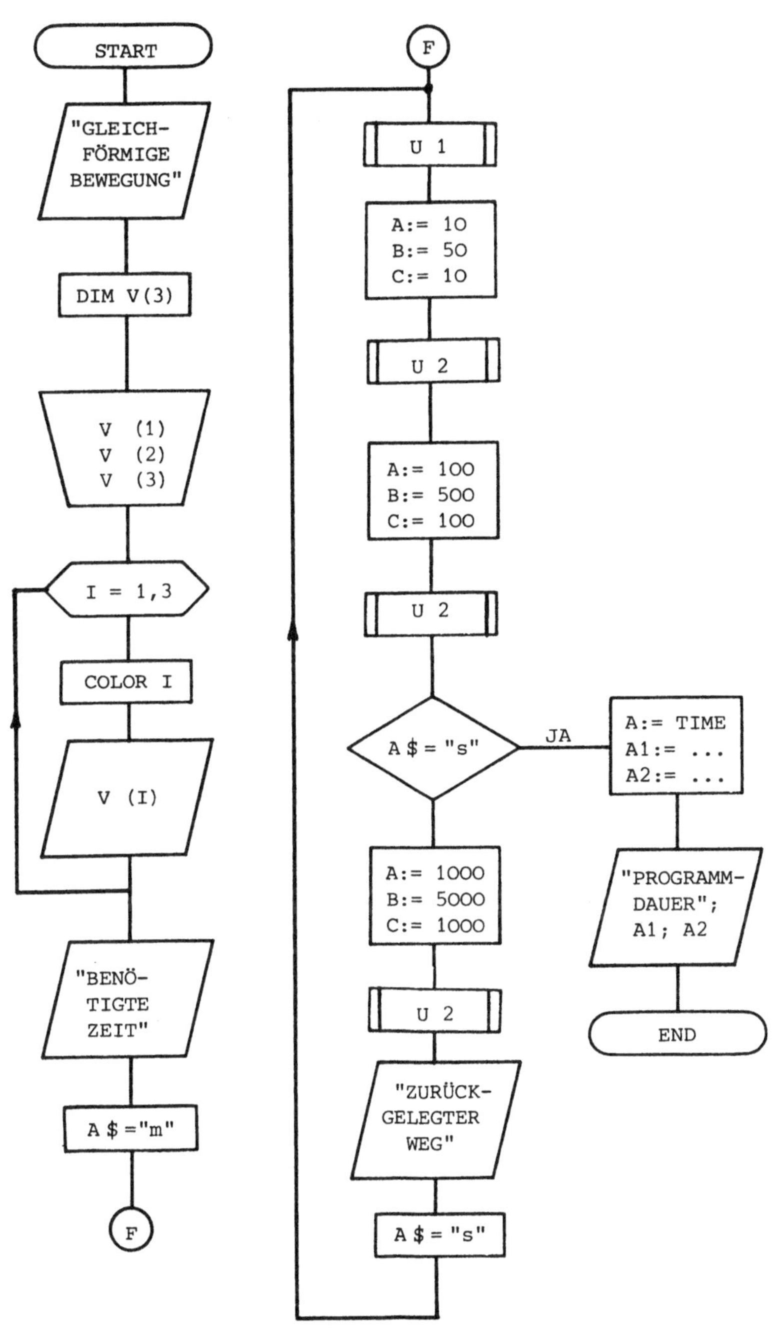

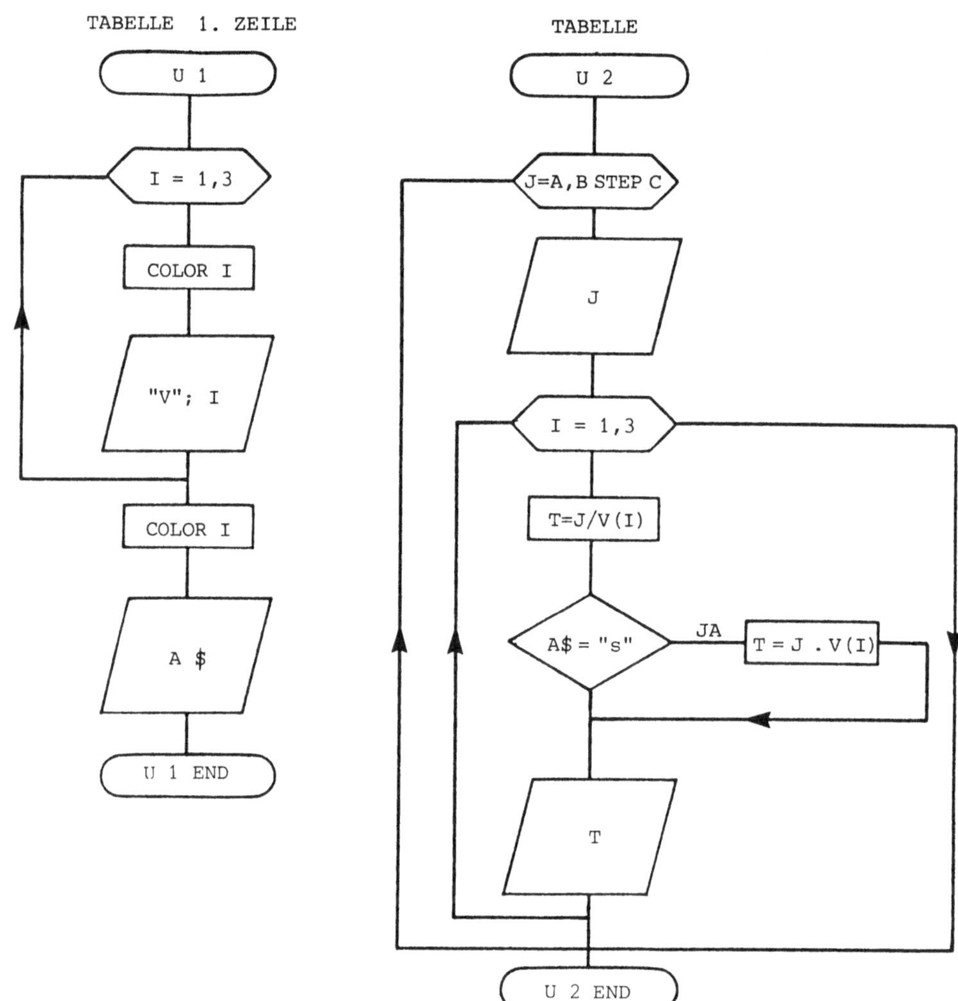

TABELLE 1. ZEILE
TABELLE
U 1
U 2
I = 1,3
J=A,B STEP C
COLOR I
J
"V"; I
I = 1,3
COLOR I
T=J/V(I)
A $
A$ = "s"
JA
T = J . V(I)
U 1 END
T
U 2 END

GLEICHFOERMIGE
BEWEGUNG

```
  5 "GLEICH 1":GOTO 10
 10 REM              * * *

 20 REM      *** GLEICHFOERMIGE ***

 30 REM      ***    BEWEGUNG    ***

 40 REM        *  PROGRAMM 1  *

 50 REM              * * *

 60 TEXT :CLEAR :USING :COLOR 3:CSIZE 2
 70 TIME =0
 80 LPRINT "  GLEICHFOERMIGE"
 90 LF 1
100 LPRINT "      BEWEGUNG"
110 LF 2:COLOR 0
120 LPRINT "      PROGRAMM 1"
130 LF 2:COLOR 0:CSIZE 1
140 DIM V(3)
150 REM              * * *

160 REM      * GESCHWINDIGKEITEN *

170 REM              * * *
180 WAIT 150:PRINT "GESCHW. MAX. 195 m/s"
190 INPUT "1.GESCHW. v1 (..m/s) : ";V(1)
200 INPUT "2.GESCHW. v2 (..m/s) : ";V(2)
210 INPUT "3.GESCHW. v3 (..m/s) : ";V(3)
220 WAIT 10:PRINT "  GEDULD BITTE !"
230 FOR I=1TO 3
240 COLOR I
250 LPRINT I;". GESCHWINDIGKEIT  v";I;" :"
260 TAB 5:LPRINT V(I);" Meter/Sekunde"
270 LF 1
280 NEXT I
290 COLOR 0:LF 1
300 REM              * * *

310 REM      * TABELLE WEG/ZEIT *

320 REM              * * *
330 LPRINT "    B E N O E T I G T E  Z E I T"
340 LF 1
350 LPRINT "          (in Sekunden )"
360 LF 2
370 A$="m"
380 GOSUB 1000
390 A=10:B=50:C=10
400 GOSUB 1100
410 A=100:B=500:C=100
420 GOSUB 1100
430 IF A$="s"THEN 560
440 A=1000:B=5000:C=1000
450 GOSUB 1100
460 LPRINT :LF 3
```


GLEICHFOERMIGE

BEWEGUNG

PROGRAMM 1

1. GESCHWINDIGKEIT v 1 :
   5 Meter/Sekunde

2. GESCHWINDIGKEIT v 2 :
   35 Meter/Sekunde

3. GESCHWINDIGKEIT v 3 :
   95 Meter/Sekunde

B E N O E T I G T E Z E I T
(In Sekunden)

s	v_1	v_2	v_3
10	2.0	0.3	0.1
20	4.0	0.6	0.2
30	6.0	0.9	0.3
40	8.0	1.1	0.4
50	10.0	1.4	0.5
100	20.0	2.9	1.0
200	40.0	5.7	2.1
300	60.0	8.6	3.1
400	80.0	11.4	4.2
500	100.0	14.3	5.2
1000	200.0	28.6	10.4
2000	400.0	57.1	20.8
3000	600.0	85.7	31.3
4000	800.0	114.3	41.7
5000	1000.0	142.9	52.1

Z U R U E C K G E L E G T E R W E G
(In Metern)

s	v_1	v_2	v_3
10	50.0	350.0	960.0
20	100.0	700.0	1920.0
30	150.0	1050.0	2880.0
40	200.0	1400.0	3840.0
50	250.0	1750.0	4800.0
100	500.0	3500.0	9600.0
200	1000.0	7000.0	19200.0
300	1500.0	10500.0	28800.0
400	2000.0	14000.0	38400.0
500	2500.0	17500.0	48000.0

- - - - - - - -

DAUER DES PROGRAMMLAUFES :
3 Minuten und 1 Sekunden

```
470 REM              * * *

480 REM      * TABELLE ZEIT/WEG *

490 REM              * * *
500 LPRINT "Z U R U E C K G E L E G T E R   W E G"
510 LF 1
520 LPRINT "              (in Metern)"
530 LF 2
540 A$="s"
550 GOTO 380
560 LF 2:USING
570 TAB 10:LPRINT "- - - - - - - - ":LF 3
580 REM              * * *

590 REM      * PROGRAMMDAUER *

600 REM              * * *
610 A=TIME
620 A1=INT (A*100)
630 A2=10000*A-100*A1
640 LPRINT "DAUER DES PROGRAMMLAUFES :"
650 LPRINT A1;" Minuten und ";A2;" Sekunden"
660 LF 8
670 END
970 REM              * * *

980 REM      * U.PROGR./TAB./1.ZEILE *

990 REM              * * *
1000 FOR I=1TO 3
1010 COLOR I:TAB (10*I+3):LPRINT "v";USING ;I;
1020 NEXT I
1030 LPRINT :COLOR 0
1040 TAB 3:LPRINT A$
1050 LPRINT ""
1060 RETURN
1070 REM              * * *

1080 REM      * U.PROGR./TABELLE *

1090 REM              * * *
1100 FOR J=ATO BSTEP C
1110 LPRINT USING "#####";J;
1120 FOR I=1TO 3
1130 T=J/V(I)
1140 IF A$="s"LET T=J*V(I)
1150 TAB (10*I-2):USING "######.#"
1160 LPRINT INT (T*10+0.5)/10;
1170 NEXT I
1180 LPRINT
1190 NEXT J
1200 LF 1
1210 RETURN
1220 END


     STATUS 1 : 2458
     STATUS 1 (OHNE REM - ZEILEN) : 1202
```

GLEICHFOERMIGE

BEWEGUNG

PROGRAMM 1

1. GESCHWINDIGKEIT v 1 :
   10 Meter/Sekunde

2. GESCHWINDIGKEIT v 2 :
   50 Meter/Sekunde

3. GESCHWINDIGKEIT v 3 :
   100 Meter/Sekunde

B E N O E T I G T E   Z E I T

(in Sekunden)

m	v 1	v 2	v 3
10	1.0	0.2	0.1
20	2.0	0.4	0.2
30	3.0	0.6	0.3
40	4.0	0.8	0.4
50	5.0	1.0	0.5
100	10.0	2.0	1.0
200	20.0	4.0	2.0
300	30.0	6.0	3.0
400	40.0	8.0	4.0
500	50.0	10.0	5.0
1000	100.0	20.0	10.0
2000	200.0	40.0	20.0
3000	300.0	60.0	30.0
4000	400.0	80.0	40.0
5000	500.0	100.0	50.0

Z U R U E C K G E L E G T E R   W E G

(in Metern)

s	v 1	v 2	v 3
10	100.0	500.0	1000.0
20	200.0	1000.0	2000.0
30	300.0	1500.0	3000.0
40	400.0	2000.0	4000.0
50	500.0	2500.0	5000.0
100	1000.0	5000.0	10000.0
200	2000.0	10000.0	20000.0
300	3000.0	15000.0	30000.0
400	4000.0	20000.0	40000.0
500	5000.0	25000.0	50000.0

- - - - - - - -

DAUER DES PROGRAMMLAUFES :
3 Minuten und 4 Sekunden

GLEICHFOERMIGE
BEWEGUNG

```
  5 "GLEICH 2":GOTO 10
 10 REM              * * *

 20 REM     *** GLEICHFOERMIGE ***

 30 REM     ***    BEWEGUNG    ***

 40 REM      *   PROGRAMM  2   *

 50 REM              * * *
 60 TEXT :CLEAR :USING :COLOR 3:CSIZE 2
 70 TIME =0
 80 LPRINT "  GLEICHFOERMIGE"
 90 LF 1
100 LPRINT "     BEWEGUNG"
110 LF 2:COLOR 0
120 LPRINT "     PROGRAMM 2"
130 LF 1:COLOR 0:CSIZE 1
140 DIM V(3)
150 REM              * * *

160 REM     * GESCHWINDIGKEITEN *

170 REM              * * *
180 WAIT 150:PRINT "GESCHW. MAX. 100 m/s"
190 INPUT "1.GESCHW. v1 (..m/s) : ";V(1)
200 INPUT "2.GESCHW. v2 (..m/s) : ";V(2)
210 INPUT "3.GESCHW. v3 (..m/s) : ";V(3)
220 FOR I=1TO 3
230 COLOR I
240 LPRINT I;". GESCHWINDIGKEIT  v";I;" :"
250 TAB 5:LPRINT V(I);" Meter/Sekunde"
260 LF 1
270 NEXT I
280 COLOR 0:LF 2
290 REM              * * *

300 REM     * WEG-ZEIT - DIAGRAMM

310 REM              * * *
320 WAIT 10:PRINT "  WEG-ZEIT - DIAGRAMM"
330 LPRINT "        WEG-ZEIT - DIAGRAMM"
340 COLOR 3
350 LPRINT "        --------------------"
360 GRAPH
370 CSIZE 1
380 GLCURSOR (30,-260):SORGN
390 LINE (0,250)-(0,0)-(185,0),0,0
400 FOR J=20TO 200STEP 20
410 LINE (-7,J)-(0,J)
420 GLCURSOR (-35,J-9)
430 LPRINT USING "#####";J*10
440 NEXT J
450 LINE (-4,243)-(0,250)-(4,243),0,0
460 GLCURSOR (-18,245):LPRINT "s"
470 GLCURSOR (-18,238):LPRINT "-"
480 GLCURSOR (-18,231):LPRINT "m"
490 FOR J=20TO 160STEP 20
500 LINE (J,0)-(J,-7)
```

GLEICHFOERMIGE
BEWEGUNG

PROGRAMM 2

1. GESCHWINDIGKEIT v 1 :
   10 Meter/Sekunde

2. GESCHWINDIGKEIT v 2 :
   50 Meter/Sekunde

3. GESCHWINDIGKEIT v 3 :
   100 Meter/Sekunde

WEG-ZEIT - DIAGRAMM

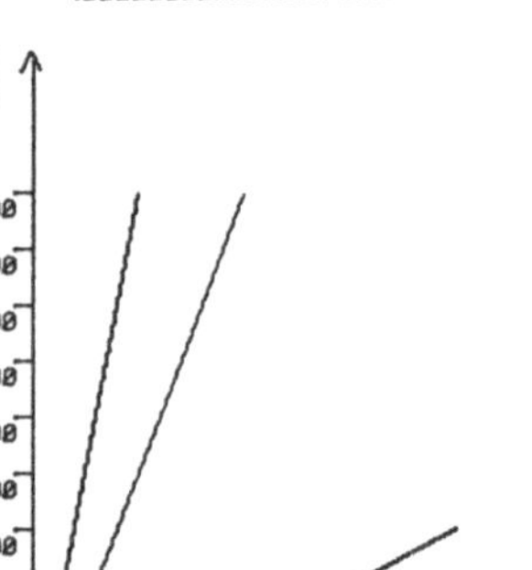

GESCHWINDIGKEITS-ZEIT - DIAGRAMM

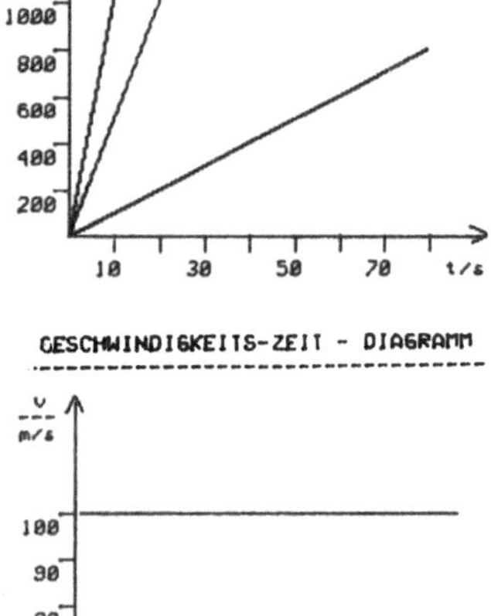

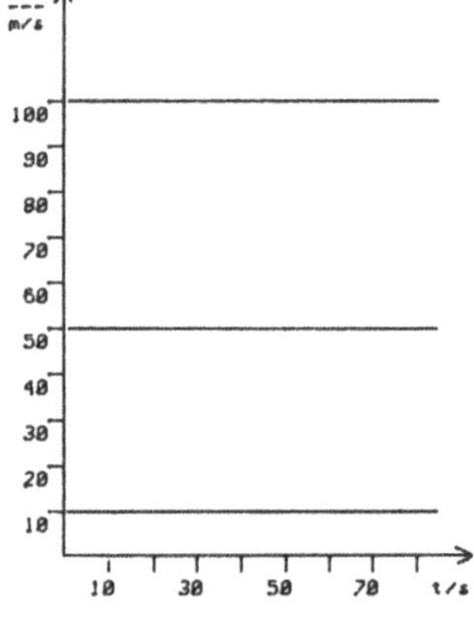

DAUER DES PROGRAMMLAUFES :
2 Minuten und 28 Sekunden

```
 510 IF J/40=INT (J/40)THEN 540
 520 GLCURSOR (J-20,-17)
 530 LPRINT USING "####";J/2
 540 NEXT J
 550 LINE (178,4)-(185,0)-(178,-4),0,0
 560 GLCURSOR (168,-17)
 570 LPRINT "t/s"
 580 FOR I=1TO 3
 590 GLCURSOR (0,0)
 600 T=2000/V(I)
 610 S=2000
 620 IF T>80LET T=80:LET S=80*V(I)
 630 LINE (0,0)-(2*T,S/10),0,I
 640 NEXT I
 650 GLCURSOR (-20,-50):SORGN
 660 REM            * * *

 670 REM      GESCHW.-ZEIT - DIAGRAMM

 680 REM            * * *
 690 WAIT 10:PRINT "GESCHW.-ZEIT - DIAGRAMM"
 700 COLOR 0
 710 LPRINT " GESCHWINDIGKEITS-ZEIT - DIAGRAMM"
 720 GLCURSOR (0,-10):COLOR 3
 730 LPRINT "--------------------------------------"
 740 GLCURSOR (20,-270):SORGN
 750 LINE (0,250)-(0,0)-(185,0),0,0
 760 FOR J=20TO 200STEP 20
 770 LINE (-7,J)-(0,J)
 780 GLCURSOR (-30,J-9)
 790 LPRINT USING "####";J/2
 800 NEXT J
 810 LINE (-4,243)-(0,250)-(4,243),0,0
 820 GLCURSOR (-18,245):LPRINT "v"
 830 GLCURSOR (-25,238):LPRINT "---"
 840 GLCURSOR (-25,231):LPRINT "m/s"
 850 FOR J=20TO 160STEP 20
 860 LINE (J,0)-(J,-7)
 870 IF J/40=INT (J/40)THEN 900
 880 GLCURSOR (J-20,-17)
 890 LPRINT USING "####";J/2
 900 NEXT J
 910 LINE (178,4)-(185,0)-(178,-4),0,0
 920 GLCURSOR (168,-17)
 930 LPRINT "t/s"
 940 FOR I=1TO 3
 950 COLOR I
 960 LINE (0,V(I)*2)-(170,V(I)*2)
 970 NEXT I
 980 GLCURSOR (-25,-50)
 990 TEXT :CSIZE 1:USING :COLOR 0
1000 TAB 10:LPRINT "- - - - - - - - - ":LF 3
1010 REM            * * *

1020 REM      * PROGRAMMDAUER *

1030 REM            * * *
1040 A=TIME
1050 A1=INT (A*100)
1060 A2=10000*A-100*A1
1070 LPRINT "DAUER DES PROGRAMMLAUFES :"
1080 LPRINT A1;" Minuten und ";A2;" Sekunden"
1090 LF 8
1100 END

        STATUS 1 : 2737
        STATUS 1 (OHNE REM - ZEILEN) : 1835
```

GLEICHFOERMIGE

BEWEGUNG

PROGRAMM 2

1. GESCHWINDIGKEIT v 1 :
   5 Meter/Sekunde

2. GESCHWINDIGKEIT v 2 :
   35 Meter/Sekunde

3. GESCHWINDIGKEIT v 3 :
   96 Meter/Sekunde

WEG-ZEIT - DIAGRAMM

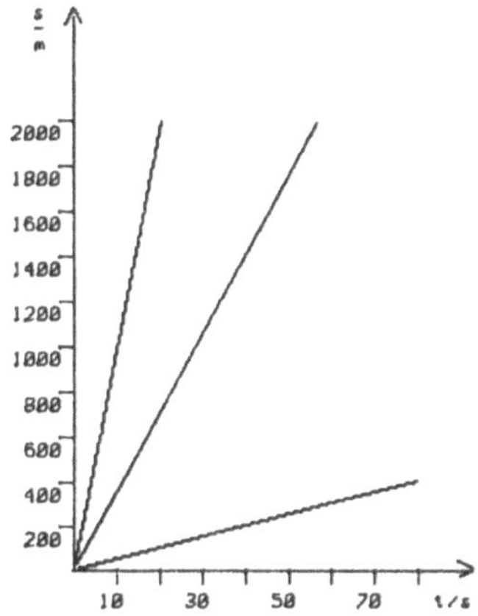

GESCHWINDIGKEITS-ZEIT - DIAGRAMM

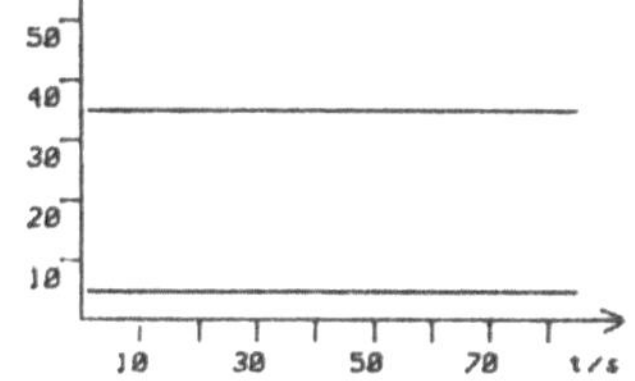

- - - - - - - -

DAUER DES PROGRAMMLAUFES :
2 Minuten und 29 Sekunden

Siehe Farbanhang 1

4. S C H I E F E R   W U R F

PROBLEMSTELLUNG

Für verschiedene Geschwindigkeiten sollen die Wurfbahnen (Parabeln) in Abhängigkeit vom Winkel berechnet und graphisch dargestellt werden. Dabei wird der Luftwiderstand vernachlässigt.

PHYSIKALISCHE GRUNDLAGEN - PROGRAMMAUFBAU

Der schiefe Wurf ist eine zusammengesetzte Bewegung und kann nach dem Unabhängigkeitsprinzip in seine beiden Komponenten zerlegt werden. Dies ist jedoch nur unter Vernachlässigung des Luftwiderstandes möglich. Die eine Komponente ist der freie Fall, eine gleichmäßig beschleunigte Bewegung, die andere eine Bewegung mit konstanter Geschwindigkeit (Abwurfgeschwindigkeit) unter einem bestimmten Winkel (gleichförmige Bewegung).
Die Wurfbahnen sind Parabeln, zu deren Berechnung folgende Formeln herangezogen werden:

$$\text{Wurfhöhe: } H = \frac{(v \cdot \sin \alpha)^2}{2\,g} \qquad\qquad \text{Wurfzeit: } T = \frac{2 \cdot v \cdot \sin \alpha}{g}$$

$$\text{Wurfweite: } W = \frac{v^2 \cdot \sin 2\alpha}{g}$$

Die größte Wurfweite wird für 45° erzielt. Für komplementäre Winkel werden gleiche Wurfweiten erzielt.
Im Programm werden die maximalen Wurfweiten für die gewählten Geschwindigkeiten angegeben. Dann werden drei Tabellen gedruckt, die für die einzelnen Geschwindigkeiten die Wurfhöhe, die Flugdauer und die Wurfweite in Abhängigkeit vom Abwurfwinkel angeben. Schließlich werden die Flugbahnen graphisch dargestellt, soferne die Geschwindigkeiten zwischen 30 und 65 m/s betragen.

HINWEISE ZUR PROGRAMMGESTALTUNG

Die Geschwindigkeiten werden als eindimensionales Feld V(1), V(2), V(3) festgehalten, ebenso die maximale Wurfweite M(I) und die Wurfhöhe H(I). Die anderen dimensionierten Variablen werden mehrfach verwendet und dienen zum Drucken der Tabellen. A(I) wird für Wurfhöhe, Wurfzeit und Wurfweite verwendet, je nach Belegung der Stringvariablen Z$. Der Winkel wird mit J bezeichnet und ist zugleich die Zählvariable der Schleife. Die Überschriften der Tabellen werden mit Hilfe von Z$ entsprechend gedruckt. Nach Angabe der maximalen Wurfweite erfolgt eine Abfrage, ob die drei Tabellen gedruckt werden sollen. Die Geschwindigkeiten dürfen höchstens 300 m/s betragen, weil sonst das Format der Tabellen nicht ausreicht und es zu einer Fehlermeldung kommt. Falls nur die Graphik gewünscht wird, muß innerhalb einer gewissen Zeit (Warteschleife 490 - 510) die Taste "N" gedrückt werden.

Die graphische Darstellung erfolgt in einem festen Koordinatensystem, wo nur die Länge der X-Achse entsprechend der erzielten maximalen Wurfweite variiert wird. Es werden die drei Flugbahnen für die Winkel 30, 45 und 60$^\mathrm{O}$ gezeichnet, allerdings nur für Geschwindigkeiten zwischen 30 und 65 m/s. Die Koordinatensysteme sind wegen der geringen Breite des Papierstreifens um 90$^\mathrm{O}$ gedreht und die Beschriftung erfolgt dazupassend. Dies wird durch den Befehl ROTATE 1 bewirkt.

Innerhalb der Schleife mit der Zählvariablen I für die drei Geschwindigkeiten werden zwei weitere Schleifen J für die drei Winkel und K für die schrittweise Berechnung der Koordinaten eröffnet. Die Koordinaten werden nach den Formeln

$$x = v \cdot t \cdot \cos\alpha \quad \text{und} \quad y = v \cdot t \cdot \sin\alpha - \frac{g}{2}t^2 \quad \text{berechnet,}$$

wobei t die Zeit angibt.

Im Programm wird für t K/10 verwendet, weil bei Zählschleifen nur ganzzahlige Schrittweiten zulässig sind und die Zeichnung sonst zu ungenau wäre. Die Wurfhöhe wird für alle drei Bahnen dazugeschrieben. Wenn die Geschwindigkeit außerhalb des definierten Bereiches liegt, wird dies durch den Text im Unterprogramm ab 2600 angegeben.

Bei diesem Beispiel wurde nur ein Programm ausgeführt, das sowohl Tabellen, als auch graphische Darstellungen enthält.
Um daraus ein Programm für einen Computer ohne Plotter oder Bildschirm zu machen, genügt es, das Programm nach Zeile 1400 zu beenden und ab 760 den Teil 2370 bis 2470 einzufügen.

Das Flußdiagramm ist nur bis zum Graphik-Teil gezeichnet.

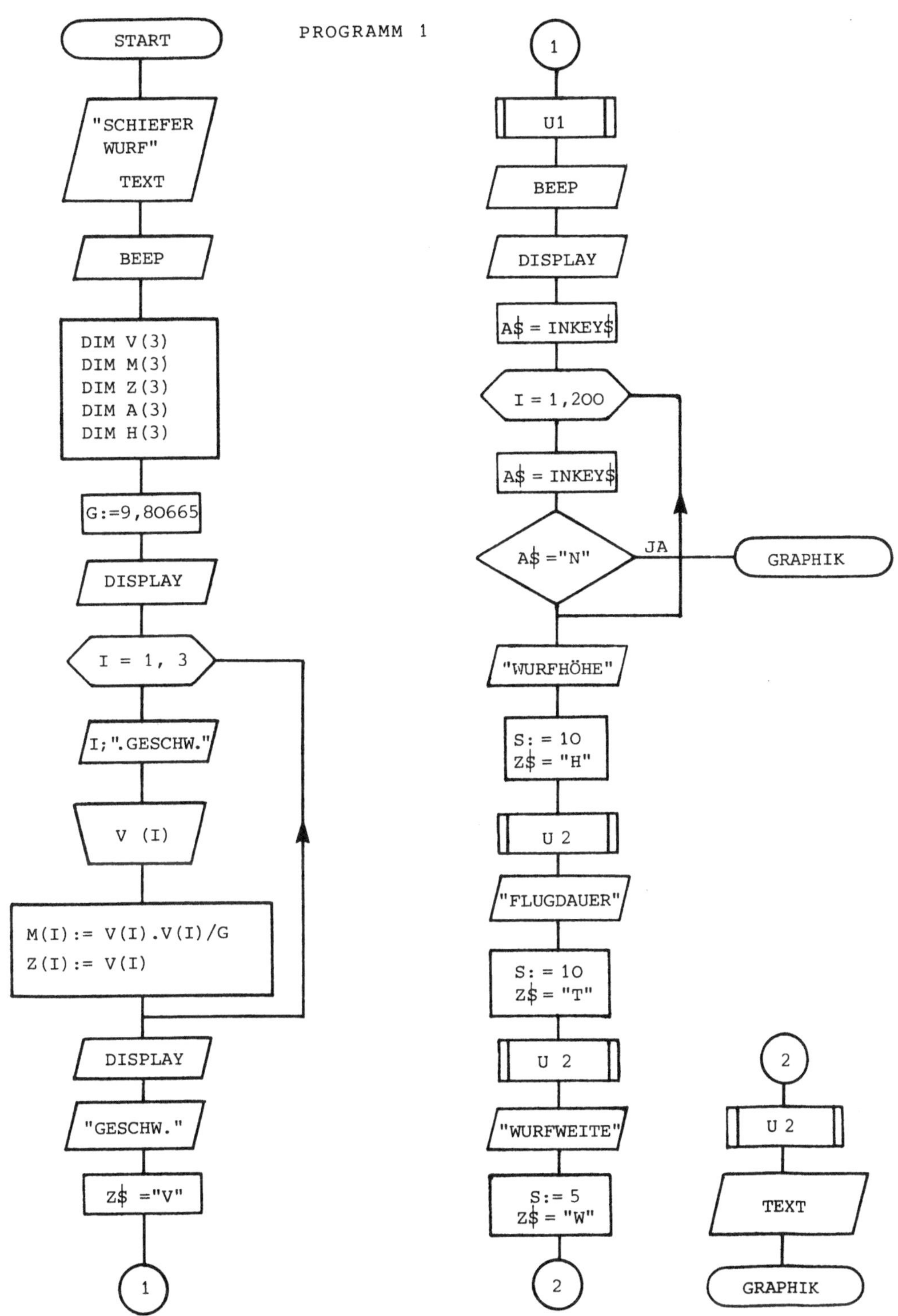

START
PROGRAMM 1
"SCHIEFER WURF" TEXT
BEEP
DIM V(3)
DIM M(3)
DIM Z(3)
DIM A(3)
DIM H(3)
G:=9,80665
DISPLAY
I = 1, 3
I;".GESCHW."
V (I)
M(I):= V(I).V(I)/G
Z(I):= V(I)
DISPLAY
"GESCHW."
Z$ ="V"
1
1
U1
BEEP
DISPLAY
A$ = INKEY$
I = 1,200
A$ = INKEY$
A$ ="N"
JA
GRAPHIK
"WURFHÖHE"
S: = 10
Z$ = "H"
U 2
"FLUGDAUER"
S: = 10
Z$ = "T"
U 2
"WURFWEITE"
S:= 5
Z$ = "W"
2
2
U 2
TEXT
GRAPHIK

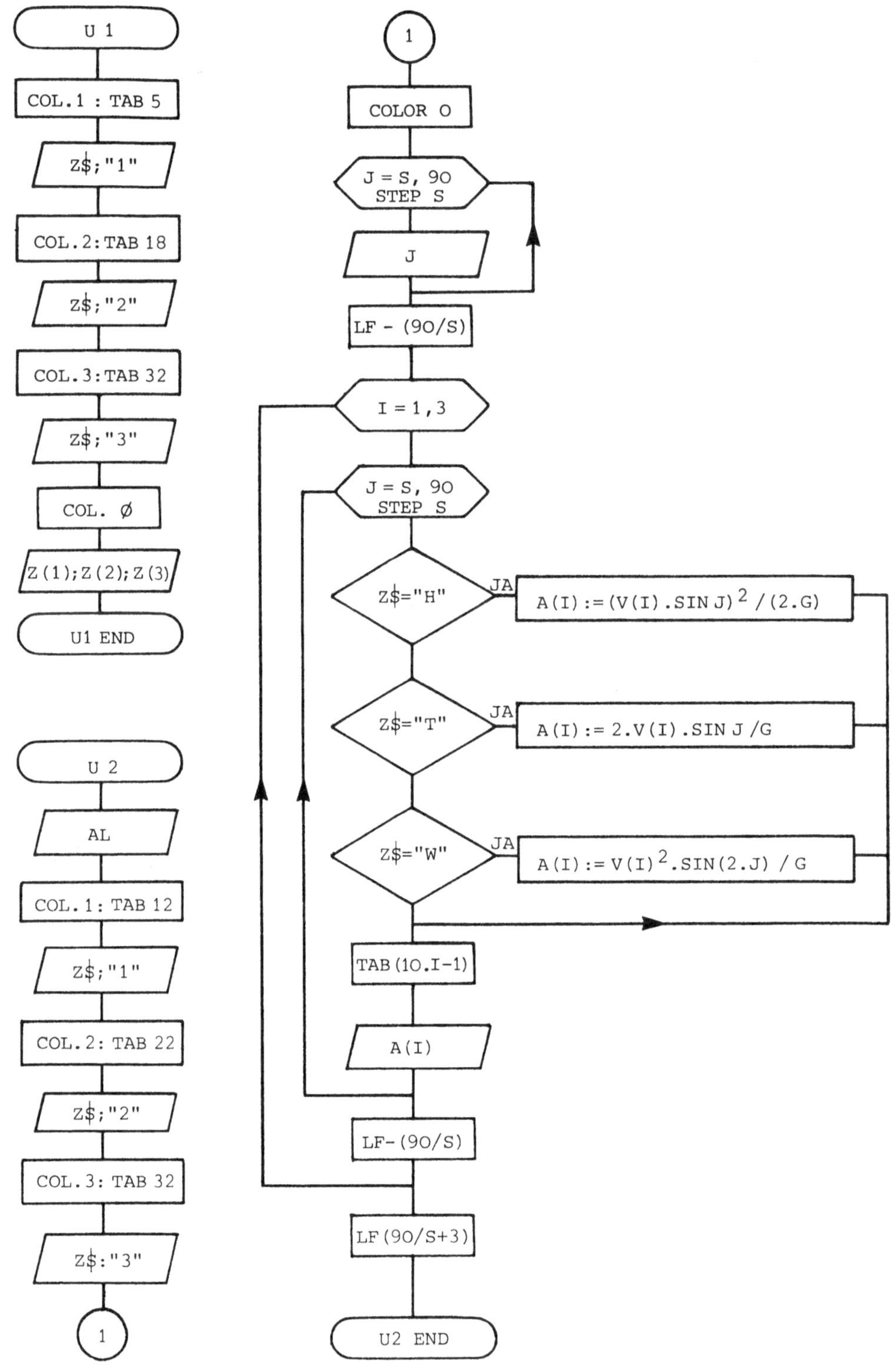

U 1
COL.1 : TAB 5
Z$;"1"
COL.2:TAB 18
Z$;"2"
COL.3:TAB 32
Z$;"3"
COL. Ø
Z(1);Z(2);Z(3)
U1 END
U 2
AL
COL.1: TAB 12
Z$;"1"
COL.2: TAB 22
Z$;"2"
COL.3: TAB 32
Z$:"3"
1
1
COLOR O
J = S, 90 STEP S
J
LF - (90/S)
I = 1,3
J = S, 90 STEP S
Z$="H"
JA
A(I):=(V(I).SIN J)²/(2.G)
Z$="T"
JA
A(I):= 2.V(I).SIN J /G
Z$="W"
JA
A(I):=V(I)².SIN(2.J) /G
TAB(10.I-1)
A(I)
LF-(90/S)
LF(90/S+3)
U2 END

SCHIEFER WURF

```
  5 "SCHIEF":GOTO 40
 10 REM                * * *

 20 REM    *** SCHIEFER WURF ***

 30 REM               * * *
 40 CLEAR :TEXT :COLOR 3:CSIZE 2:USING
 50 TIME =0
 60 FOR I=1TO 3:BEEP I,5*I,1000:NEXT I
 70 WAIT 10:PRINT "SCHIEFER WURF"
 80 LPRINT "    SCHIEFER  WURF"
 90 LF 2:CSIZE 1:COLOR 2
100 LPRINT "MIT DIESEM PROGRAMM KOENNEN DIVERSE"
110 LPRINT "FLUGDATEN BERECHNET WERDEN.":LF 1
120 LPRINT "DIE GESCHWINDIGKEITEN KOENNEN"
130 LPRINT "ZWISCHEN 1 UND 300 m/s BETRAGEN."
140 LF 1
150 LPRINT "FUER GESCHWINDIGKEITEN ZWISCHEN"
160 LPRINT "30 UND 65 m/s WIRD DIE FLUGBAHN"
170 LPRINT "GRAPHISCH DARGESTELLT !"
180 COLOR 0:LF 6
190 BEEP 1,5,3000:BEEP 1,10,3000
200 BEEP 1,15,5000
210 REM               * * *

220 REM   * ABSCHUSSGESCHWINDIGKEIT *

230 REM               * * *
240 DIM V(3):DIM M(3):DIM Z(3):DIM A(3):DIM H(3)
250 G=9.80665
260 WAIT 200:PRINT "BITTE AUSDRUCK BEACHTEN !"
270 WAIT 200:PRINT "ABSCHUSSGESCWINDIGKEITEN :"
280 FOR I=1TO 3
290 WAIT 150:PRINT I;".GESCHWINDIGKEIT (m/s)"
300 INPUT V(I)
310 M(I)=V(I)*V(I)/G
320 Z(I)=V(I)
330 NEXT I
340 WAIT 10:PRINT "   WURFWEITE"
350 LPRINT "ABSCHUSSGESCHWINDIGKEIT :"
360 LPRINT "(Meter/Sekunde)"
370 Z$="V"
380 GOSUB 1000
390 LPRINT "MAXIMALE WURFWEITE - 45 Grad - :"
400 LPRINT "(Meter)"
410 Z$="MW"
420 FOR I=1TO 3:Z(I)=INT (10*M(I)+0.5)/10:NEXT I
430 GOSUB 1000
440 BEEP 1,5,3000:BEEP 2,10,3000
450 WAIT 150:PRINT "SOLLEN WURFHOEHE,-WEITE"
460 WAIT 150:PRINT "UND FLUGDAUER GEDRUCKT"
470 WAIT 10:PRINT "WERDEN ?    J / N"
480 A$=INKEY$ :A$=""
490 FOR I=1TO 200:A$=INKEY$
500 IF A$="N"GOTO 2000
510 NEXT I
520 REM               * * *

530 REM    * FLUGDATEN/TABELLEN *

540 REM               * * *
550 WAIT 10:PRINT "   GEDULD BITTE !"
560 LPRINT "WURFHOEHE IN ABHAENGIGKEIT"
570 LPRINT "VOM ABSCHUSSWINKEL AL :"
580 LPRINT "(Grad; Meter)"
```

SCHIEFER   WURF

MIT DIESEM PROGRAMM KOENNEN DIVERSE
FLUGDATEN BERECHNET WERDEN.

DIE GESCHWINDIGKEITEN KOENNEN
ZWISCHEN 1 UND 300 m/s BETRAGEN.

FUER GESCHWINDIGKEITEN ZWISCHEN
30 UND 65 m/s WIRD DIE FLUGBAHN
GRAPHISCH DARGESTELLT !

ABSCHUSSGESCHWINDIGKEIT :
(Meter/Sekunde)

V 1	V 2	V 3
35.0	48.0	300.0

MAXIMALE WURFWEITE - 45 Grad - :
(Meter)

MW 1	MW 2	MW 3
124.9	234.9	9177.4

WURFHOEHE IN ABHAENGIGKEIT
VOM ABSCHUSSWINKEL AL :
(Grad; Meter)

AL	H 1	H 2	H 3
10	1.9	3.5	138.4
20	7.3	13.7	536.8
30	15.6	29.4	1147.2
40	25.8	48.5	1895.9
50	36.7	68.9	2692.8
60	46.8	88.1	3441.5
70	55.2	103.7	4051.9
80	60.6	113.9	4450.4
90	62.5	117.5	4588.7

FLUGDAUER IN ABHAENGIGKEIT
VOM ABSCHUSSWINKEL AL :
(Sekunden)

AL	T 1	T 2	T 3
10	1.2	1.7	10.6
20	2.4	3.3	20.9
30	3.6	4.9	30.6
40	4.6	6.3	39.3
50	5.5	7.5	46.9
60	6.2	8.5	53.0
70	6.7	9.2	57.5
80	7.0	9.6	60.3
90	7.1	9.8	61.2

WURFWEITE IN ABHAENGIGKEIT
VOM ABSCHUSSWINKEL AL :
(Grad; Meter)

AL	W 1	W 2	W 3
5	21.7	40.8	1593.6
10	42.7	80.4	3138.9
15	62.5	117.5	4588.7
20	80.3	151.0	5899.1
25	95.7	180.0	7030.3
30	108.2	203.5	7947.9
35	117.4	220.8	8624.0
40	123.0	231.4	9038.0
45	124.9	234.9	9177.4
50	123.0	231.4	9038.0
55	117.4	220.8	8624.0
60	108.2	203.5	7947.9
65	95.7	180.0	7030.3
70	80.3	151.0	5899.1
75	62.5	117.5	4588.7
80	42.7	80.4	3138.9
85	21.7	40.8	1593.6
90	0.0	0.0	0.0

```
590 S=10:Z$="H"
600 GOSUB 1200
610 LPRINT "FLUGDAUER IN ABHAENGIGKEIT"
620 LPRINT "VOM ABSCHUSSWINKEL AL :"
630 LPRINT "(Sekunden)"
640 S=10:Z$="T"
650 GOSUB 1200
660 LPRINT "WURFWEITE IN ABHAENGIGKEIT"
670 LPRINT "VOM ABSCHUSSWINKEL AL :"
680 LPRINT "(Grad; Meter)":LF 1
690 S=5:Z$="W"
700 GOSUB 1200
710 LF 3:COLOR 3
720 LPRINT "BEI DER BERECHNUNG DIESER WERTE"
730 LPRINT "WURDE DER LUFTWIDERSTAND"
740 LPRINT "NICHT BERUECKSICHTIGT !"
750 COLOR 0:LF 6:USING
760 GOTO 2000
970 REM              * * *

980 REM       * U.PROGR./TABELLE *

990 REM              * * *
1000 CSIZE 1:LF 1
1010 COLOR 1:TAB 5:LPRINT Z$;" 1";
1020 COLOR 2:TAB 18:LPRINT Z$;" 2";
1030 COLOR 3:TAB 32:LPRINT Z$;" 3"
1040 LF 1:COLOR 0
1050 USING "#####.#"
1060 TAB 1:LPRINT Z(1);TAB 14;Z(2);TAB 28;Z(3)
1070 LF 3
1080 RETURN
1170 REM              * * *

1180 REM       * U.PROGR./TABELLE *

1190 REM              * * *
1200 LF 1:TAB 2:LPRINT "AL";
1210 COLOR 1:TAB 12:LPRINT Z$;" 1";
1220 COLOR 2:TAB 22:LPRINT Z$;" 2";
1230 COLOR 3:TAB 32:LPRINT Z$;" 3"
1240 LF 2:COLOR 0
1250 FOR J=STO 90STEP S
1260 TAB 1:LPRINT USING "###";J
1270 NEXT J
1280 LF -(90/S)
1290 FOR I=1TO 3
1300 FOR J=STO 90STEP S
1310 IF Z$="H"LET A(I)=(V(I)*SIN (J))^2/(2*G)
1320 IF Z$="T"LET A(I)=2*V(I)*SIN J/G
1330 IF Z$="W"LET A(I)=V(I)^2*SIN (2*J)/G
1340 TAB (10*I-1):USING "#####.#"
1350 LPRINT INT (10*A(I)+0.5)/10
1360 NEXT J
1370 LF -(90/S)
1380 NEXT I
1390 LF (90/S+3)
1400 RETURN
1970 REM              * * *

1980 REM          * GRAPHIK *

1990 REM              * * *
2000 WAIT 10:PRINT "FLUGBAHNEN"
2010 GRAPH
2020 GLCURSOR (25,-75):SORGN
```

BEI DER BERECHNUNG DIESER WERTE
WURDE DER LUFTWIDERSTAND
NICHT BERUECKSICHTIGT !

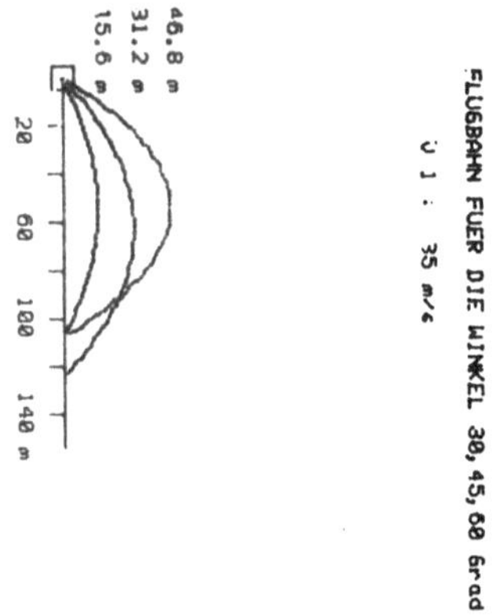

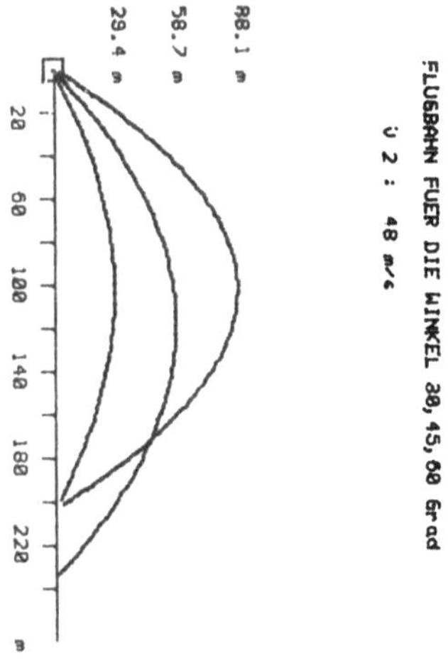

FUER DIE GESCHWINDIGKEIT V 3
KANN DIE FLUGBAHN NICHT
GRAPHISCH DARGESTELLT WERDEN,
DA DIE GESCHWINDIGKEIT AUSSERHALB
DES DEFINIERTEN BEREICHES LIEGT !

DAUER DES PROGRAMMLAUFES :
'3 Minuten und 30 Sekunden

```
2030 FOR I=1TO 3
2040 IF V(I)<30OR V(I)>65GOSUB 2600:GOTO 2360
2050 LINE (0,0)-(0,-M(I)-30),0,0
2060 LINE (-5,-5)-(5,5),0,3,B
2070 FOR Q=20TO M(I)STEP 20
2080 LINE (0,-Q)-(-7,-Q),0,0
2090 NEXT Q
2100 FOR Q=20TO (M(I)-20)STEP 40
2110 GLCURSOR (-20,-Q+15)
2120 ROTATE 1:CSIZE 1
2130 LPRINT USING "####";Q
2140 NEXT Q
2150 GLCURSOR (-20,-M(I)-30)
2160 LPRINT "m"
2170 FOR J=30TO 60STEP 15
2180 GLCURSOR (0,0)
2190 H(I)=(V(I)*SIN J)^2/(2*G)
2200 FOR K=1TO 120
2210 X=V(I)*K*COS J/10
2220 Y=V(I)*K*SIN J/10-K*K*G/200
2230 IF Y<=0THEN 2260
2240 LINE -(Y,-X),0,I
2250 NEXT K
2260 COLOR 0
2270 GLCURSOR (H(I),40):USING "####.#"
2280 LPRINT INT (H(I)*10+0.5)/10;" m"
2290 NEXT J
2300 GLCURSOR (180,0):COLOR I
2310 LPRINT "FLUGBAHN FUER DIE WINKEL";
2320 LPRINT "30,45,60 Grad"
2330 GLCURSOR (160,-30):USING
2340 LPRINT "V";I;" : ";V(I);" m/s"
2350 GLCURSOR (0,-M(I)-200):SORGN
2360 NEXT I
2370 TEXT :CSIZE 1:COLOR 0:LF 2:USING
2380 TAB 10:LPRINT "- - - - - - - -":LF 3
2390 REM            * * *

2400 REM      * PROGRAMMDAUER *

2410 REM            * * *
2420 A=TIME :A1=INT (A*100)
2430 A2=10000*A-100*A1
2440 LPRINT "DAUER DES PROGRAMMLAUFES :"
2450 LPRINT A1;" Minuten und";A2;" Sekunden"
2460 LF 8
2470 END
2570 REM            * * *

2580 REM     * U.PROGR./KEINE GRAPHIK *

2590 REM            * * *
2600 TEXT :COLOR I:CSIZE 1:USING
2610 LPRINT "FUER DIE GESCHWINDIGKEIT  V";I
2620 LPRINT "KANN DIE FLUGBAHN NICHT"
2630 LPRINT "GRAPHISCH DARGESTELLT WERDEN,"
2640 LPRINT "DA DIE GESCHWINDIGKEIT AUSSERHALB"
2650 LPRINT "DES DEFINIERTEN BEREICHES LIEGT !"
2660 LF 2
2670 GRAPH :GLCURSOR (25,-25):SORGN
2680 RETURN
2690 END


      STATUS 1 : 4405
      STATUS 1 (OHNE REM - ZEILEN) : 3240
```

SCHIEFER WURF

MIT DIESEM PROGRAMM KOENNEN DIVERSE
FLUGDATEN BERECHNET WERDEN.

DIE GESCHWINDIGKEITEN KOENNEN
ZWISCHEN 1 UND 300 m/s BETRAGEN.

FUER GESCHWINDIGKEITEN ZWISCHEN
30 UND 65 m/s WIRD DIE FLUGBAHN
GRAPHISCH DARGESTELLT !

ABSCHUSSGESCHWINDIGKEIT :
(Meter/Sekunde)

V 1	V 2	V 3
50.0	64.0	100.0

MAXIMALE WURFWEITE - 45 Grad - :
(Meter)

MW 1	MW 2	MW 3
254.9	417.7	1019.7

WURFHOEHE IN ABHAENGIGKEIT
VOM ABSCHUSSWINKEL AL :
(Grad; Meter)

AL	H 1	H 2	H 3
10	3.8	6.3	15.4
20	14.9	24.4	59.6
30	31.9	52.2	127.5
40	52.7	86.3	210.7
50	74.8	122.6	299.2
60	95.6	156.6	382.4
70	112.6	184.4	450.2
80	123.6	202.5	494.5
90	127.5	208.8	509.9

FLUGDAUER IN ABHAENGIGKEIT
VOM ABSCHUSSWINKEL AL :
(Sekunden)

AL	T 1	T 2	T 3
10	1.8	2.3	3.5
20	3.5	4.5	7.0
30	5.1	6.5	10.2
40	6.6	8.4	13.1
50	7.8	10.0	15.6
60	8.8	11.3	17.7
70	9.6	12.3	19.2
80	10.0	12.9	20.1
90	10.2	13.1	20.4

WURFWEITE IN ABHAENGIGKEIT
VOM ABSCHUSSWINKEL AL :
(Grad; Meter)

AL	W 1	W 2	W 3
5	44.3	72.5	177.1
10	87.2	142.9	348.8
15	127.5	208.8	509.9
20	163.9	268.5	655.5
25	195.3	320.0	781.1
30	220.8	361.7	883.1
35	239.6	392.5	958.2
40	251.1	411.3	1004.2
45	254.9	417.7	1019.7
50	251.1	411.3	1004.2
55	239.6	392.5	958.2
60	220.8	361.7	883.1
65	195.3	320.0	781.1
70	163.9	268.5	655.5
75	127.5	208.8	509.9
80	87.2	142.9	348.8
85	44.3	72.5	177.1
90	0.0	0.0	0.0

Siehe Farbanhang 2

5. WURFBEWEGUNG IN LUFT

PROBLEMSTELLUNG

Die Vernachlässigung des Luftwiderstandes bei der Betrachtung
von Wurfbewegungen ist eigentlich nur für sehr kleine Geschwindigkeiten und Körper mit kleinem Luftwiderstandsbeiwert (c_w-
Wert) zulässig. In diesem Programm sollen Wurfbewegungen unter
dem Einfluß der Luftreibung behandelt werden und die beträcht-
lichen Unterschiede zu den theoretisch berechneten Wurfbahnen
im Vakuum gezeigt werden.

PHYSIKALISCHE GRUNDLAGEN - PROGRAMMAUFBAU

Die Wurfbewegung setzt sich aus zwei Bewegungen zusammen, der
Fallbewegung und der Bewegung infolge der erteilten Anfangsgeschwindigkeit. Unter Berücksichtigung des Luftwiderstandes erfolgt diese Zusammensetzung jedoch nicht unabhängig, sondern
die beiden Teilbewegungen beeinflussen einander. Die Behandlung
dieses Problems ist ohne Computer sehr schwierig.
In sehr kleinen Zeitschritten werden die Änderungen der Geschwindigkeit und die neuen Koordinaten berechnet.
Als Wurfkörper stehen vier verschiedene Bälle, sowie ein beliebiger Körper zur Verfügung. Für diese Körper wird eine charak-
teristische Größe k berechnet:

$$k = \frac{c_w \cdot 1,3 \cdot A}{2 \cdot m}$$

c_w ... Luftwiderstandsbeiwert

A ... Querschnittsfläche des Körpers (m^2)

m ... Masse des Körpers (kg)

$1,3$ .. Dichte der Luft (kg/m^3)

Eingegeben werden die Abschußgeschwindigkeit VV und der Ab-
schußwinkel AL und falls dieser O ist, auch noch die Zeitdauer
TT zur Betrachtung der Bewegung.
Anfangsbedingungen: Die vertikale Komponente U der Bewegung ist
gleich VV . sin AL, die horizontale Komponente W ist VV . cos AL.
Für die Änderung in einem Zeitintervall DT gilt:

DU = (G + K . U . B) . DT

DW = - K . W . B . DT

und für die neuen Geschwindigkeitskomponenten:

U = U - DU   W = W + DW

wobei G die Fallbeschleunigung ($9,81$ m/s^2) ist.

$B = \sqrt{U^2 + W^2}$ ist eine von beiden Komponenten abhängige Größe, weshalb die beiden Komponenten eben nicht voneinander unabhängig sind. Die Geschwindigkeit V läßt sich aus U und W leicht berechnen: $\tan \beta = \frac{U}{W}$, $V = \frac{U}{\sin \beta}$, wobei für den Ausdruck von V der Betrag verwendet wird.

Die Änderungen der Koordinaten sind dann DX = W . DT, DY = U . DT und die neuen Koordinaten X = X + DX, Y = Y + DY. Das Zeitintervall DT ist entsprechend klein, nämlich 0,05 s.

Für diese Berechnungen wurde ein konstanter Luftwiderstandsbeiwert vorausgesetzt, was nicht für jeden Körper bei allen Geschwindigkeiten gegeben ist: Der c_w-Wert ist nicht nur von der Gestalt des Körpers, sondern auch von der Reynoldszahl abhängig, die sich aus dem Trägheitswiderstand des Körpers und der Zähigkeit des Mediums ergibt. Beim Ping-Pong-Ball beispielsweise ist er in einem Geschwindigkeitsbereich von 1 m/s bis 100 m/s konstant. Beim Fußball oder Golfball sinkt der c_w-Wert schon bei kleineren Geschwindigkeiten (16 bzw. 80 m/s) von 0,45 auf 0,15 ab, was die Unterschiede zwischen der Realität und den theoretischen Berechnungen erklärt. Außerdem kann auch die Oberflächenbeschaffenheit das Verhalten des Balles beeinflussen.

HINWEISE ZUR PROGRAMMGESTALTUNG

PROGRAMM 1

Die Daten der vier Bälle (Ping-Pong-Ball, Tennisball, Golfball und Fußball) stehen in Unterprogrammen zur Verfügung, die mit dem Anfangsbuchstaben der Bälle abgerufen werden.

Für einen beliebigen Wurfkörper sind der c_w-Wert, die Masse und die Querschnittsfläche einzugeben.

Die Geschwindigkeit VV und der Winkel AL sind frei wählbar, wobei bei zu großen Geschwindigkeiten möglicherweise das Format der Tabelle nicht ausreicht. Es ist aber ohnehin nur ein Bereich bis maximal 80 m/s sinnvoll. Für den Abschußwinkel 0° (horizontaler Wurf) wird nach den gleichen Formeln gerechnet, nur der Ausdruck ist etwas verändert und es muß zusätzlich die Wurfdauer DT eingegeben werden.

Die Tabelle gibt an: Zeit, Geschwindigkeit, x-Koordinate und y-Koordinate des Wurfkörpers. Es wird aber nur jeder zehnte Rechenschritt ausgedruckt, was durch die Zählvariable Z erfolgt.

Die Schleife ab 710 endet für den schiefen Wurf bei 870 mit der
Ausführbedingung y $\geq$ 0, für den horizontalen Wurf bei 880 mit
der Ausführbedingung T $\leq$ TT. Beim schiefen Wurf wird in 860 die
maximale Höhe auf dem Speicherplatz WH festgehalten, ebenso die
bis dahin benötigte Zeit TT, welche um DT zu groß ist, weil T
schon vorher (770) erhöht wurde!
Die Abfrage, ob die vorhergehende y-Koordinate YY größer als die
neue y-Koordinate ist, erfolgt nur, solange die Variable E = 0
ist. Sobald die maximale Höhe erreicht ist, wird E = 1 gesetzt.
Die Wurfdauer, -weite und -höhe, sowie die Zeit zum Erreichen
dieser Höhe werden noch extra ausgegeben und zum Vergleich die
entsprechenden Werte für den Wurf unter Vernachlässigung des
Luftwiderstandes.
Für den horizontalen Wurf werden die erreiche Weite und Tiefe
ebenfalls für beide Fälle angegeben. Die Formeln für den horizontalen Wurf ohne Luftwiderstand lauten:
Wurfweite XX = VV . TT   erreichte Tiefe YY = $\frac{G}{2}$. TT^2

PROGRAMM 2
Die Berechnungen erfolgen wie im Programm 1, allerdings unter-
scheiden sich die graphischen Darstellungen für den schiefen
Wurf und den horizontalen Wurf, weshalb auch die Berechnungen
getrennt erfolgen. Die Einheiten des Koordinatensystems richten
sich nach der maximalen Wurfweite unter Vernachlässigung des
Luftwiderstandes (700 - 780). Beide Koordinatensysteme sind jedoch um 90° gedreht und auch entsprechend beschriftet.
Beim horizontalen Wurf ergibt sich eine zusätzliche Abbruchbedingung durch die Breite des Papierstreifens (1850 bzw. 1970).
Allerdings wird beim Wurf mit Luftwiderstand noch bis zur End-
zeit TT weitergerechnet, damit die tatsächliche Wurfweite und
-tiefe errechnet wird.

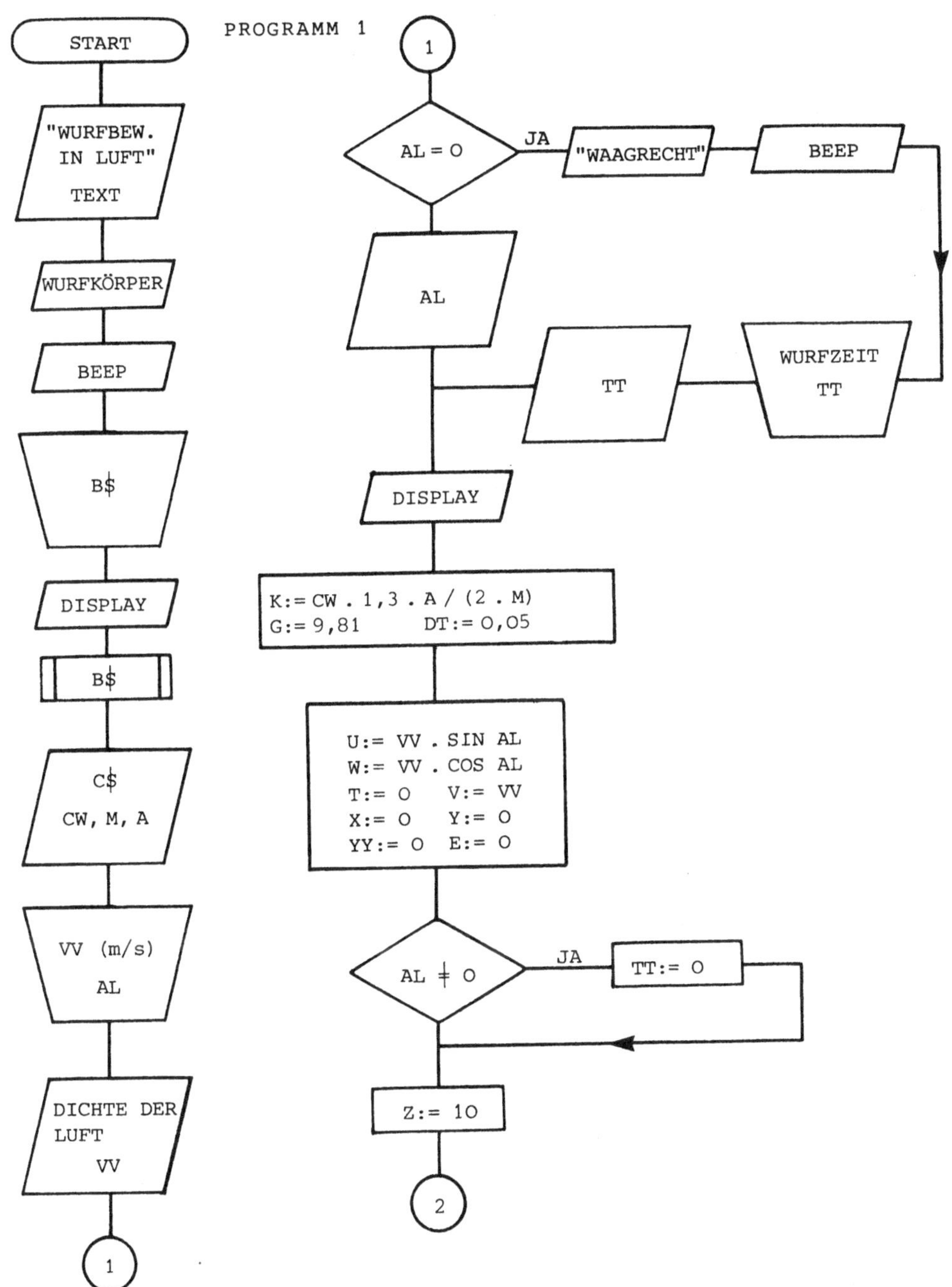
PROGRAMM 1

START
"WURFBEW. IN LUFT" TEXT
WURFKÖRPER
BEEP
B$
DISPLAY
B$
C$ CW, M, A
VV (m/s) AL
DICHTE DER LUFT VV
1

1
AL = 0
JA
"WAAGRECHT"
BEEP
AL
TT
WURFZEIT TT
DISPLAY
K:= CW . 1,3 . A / (2 . M)
G:= 9,81   DT:= 0,05
U:= VV . SIN AL
W:= VV . COS AL
T:= 0   V:= VV
X:= 0   Y:= 0
YY:= 0   E:= 0
AL ≠ 0
JA
TT:= 0
Z:= 10
2

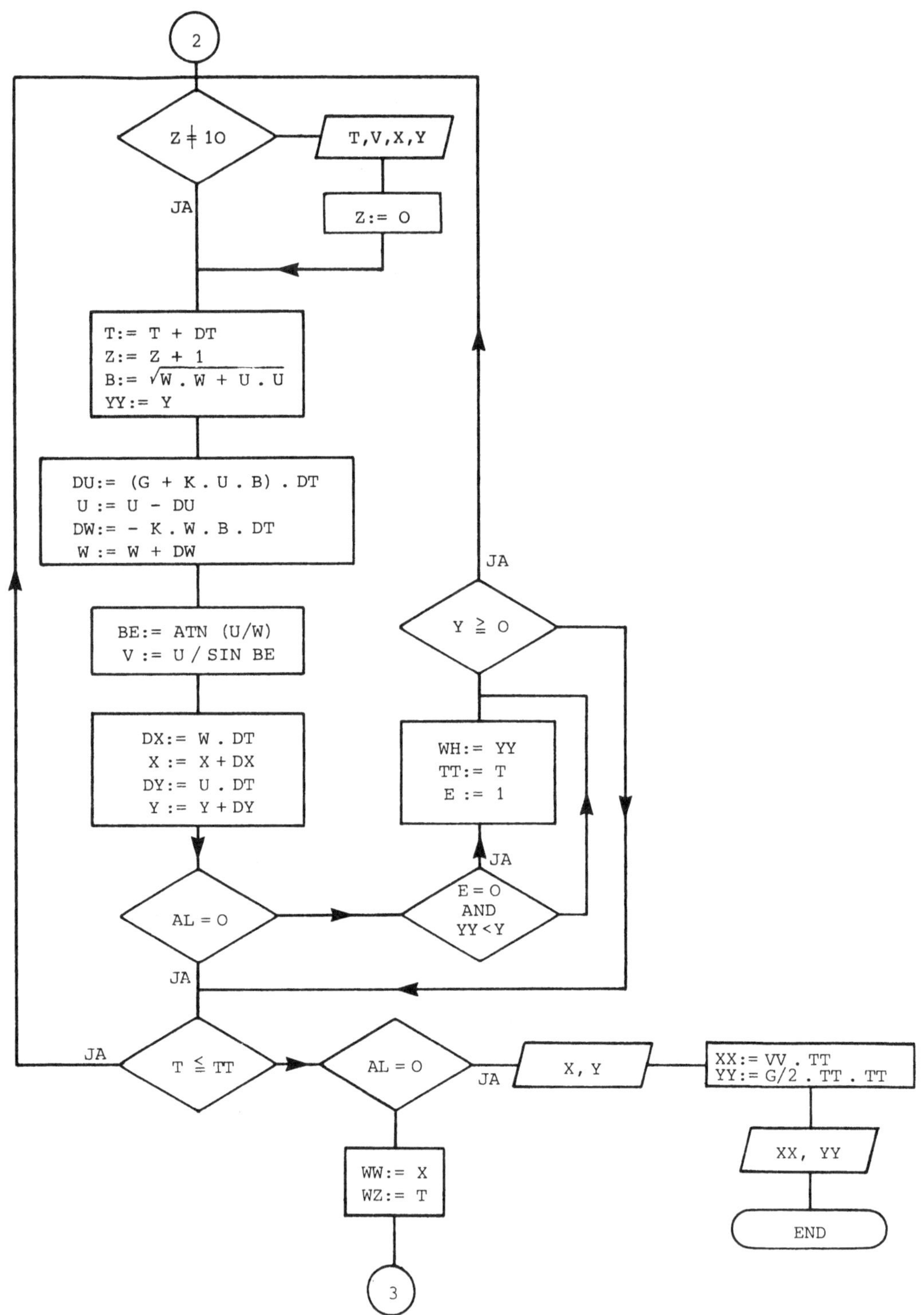
2
Z ≠ 10
T,V,X,Y
JA
Z:= O
T:= T + DT
Z:= Z + 1
B:= √W . W + U . U
YY:= Y
DU:= (G + K . U . B) . DT
U := U - DU
DW:= - K . W . B . DT
W := W + DW
BE:= ATN (U/W)
V := U / SIN BE
JA
Y ≧ O
DX:= W . DT
X := X + DX
DY:= U . DT
Y := Y + DY
WH:= YY
TT:= T
E := 1
AL = O
JA
E = O
AND
YY < Y
JA
JA
T ≦ TT
AL = O
JA
X, Y
XX:= VV . TT
YY:= G/2 . TT . TT
XX, YY
WW:= X
WZ:= T
END
3

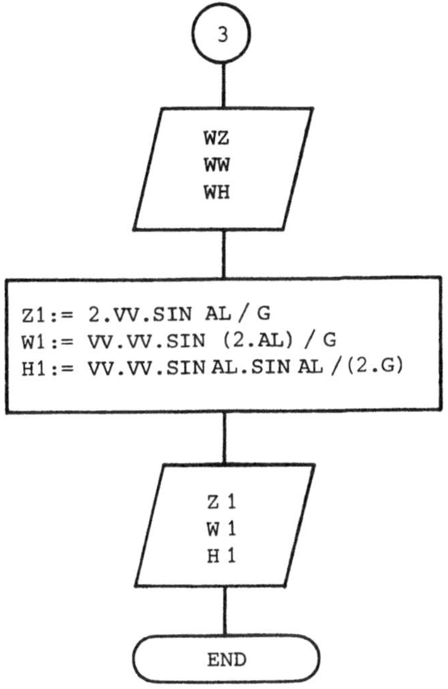

3
WZ
WW
WH
Z1:= 2.VV.SIN AL / G
W1:= VV.VV.SIN (2.AL) / G
H1:= VV.VV.SIN AL.SIN AL /(2.G)
Z 1
W 1
H 1
END

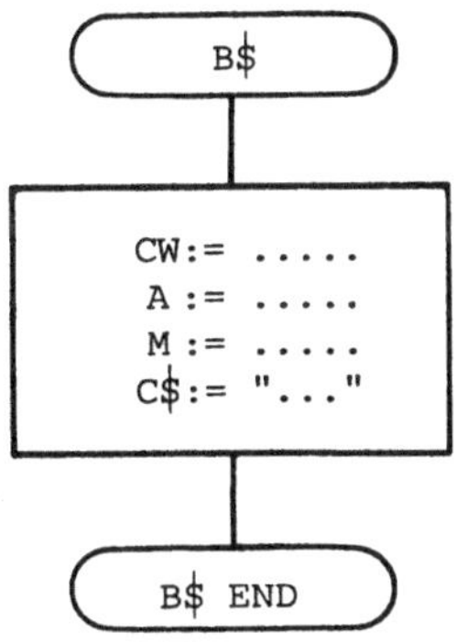

B$
CW:= .....
A := .....
M := .....
C$:= "..."
B$ END

WURFBEWEGUNG IN LUFT

```
  5 "WURF 1":GOTO 50
 10 REM            * * *
 20 REM   * WURFBEWEGUNG IN LUFT *
 30 REM        *  PROGRAMM 1  *
 40 REM            * * *
 50 CLEAR :CSIZE 2:COLOR 3:USING
 60 TIME =0
 70 LPRINT "      WURFBAHN"
 80 LPRINT "MIT LUFTWIDERSTAND"
 90 LF 2:COLOR 0
100 LPRINT "     PROGRAMM 1"
110 LF 1:CSIZE 1:COLOR 2
120 WAIT 5:PRINT " BITTE AUSDRUCK BEACHTEN"
130 LPRINT "FUER VIER VERSCHIEDENE BAELLE"
140 LPRINT "ODER EINEN BELIEBIGEN WURFKOERPER"
150 LPRINT "WERDEN DIE FLUGBAHNEN UNTER"
160 LPRINT "BERUECKSICHTIGUNG DES LUFTWIDER--"
170 LPRINT "STANDES BERECHNET UND MIT DEN "
180 LPRINT "FLUGBAHNEN UNTER VERNACHLAESSIGUNG"
190 LPRINT "DES LUFTWIDERSTANDES VERGLICHEN."
200 LF 1
210 LPRINT "DIE ABWURFGESCHWINDIGKEIT UND DER"
220 LPRINT "ABSCHUSSWINKEL SIND ANZUGEBEN."
230 LF 1:COLOR 3
240 LPRINT "      BAELLE :":LF 1:COLOR 2
250 LPRINT "   PING-PONG--BALL ....... P"
260 LPRINT "   TENNISBALL ........... T"
270 LPRINT "   GOLFBALL ............. G"
280 LPRINT "   FUSSBALL ............. F"
290 LPRINT "   BELIEBIGER KOERPER .. B"
300 LF 6:COLOR 3
310 BEEP 1,50,500:BEEP 2,70,400:BEEP 1,90,300
320 INPUT "BALL WAEHLEN : ";B$
330 WAIT 5:PRINT "   GEDULD BITTE !"
340 GOSUB B$
350 TAB 12:LPRINT C$:LF 1:COLOR 0
360 LPRINT "  CW - WERT : ";CW
370 LPRINT "  MASSE : ";M;" kg"
380 LPRINT "  QUERSCHNITTSFLAECHE : ";AS;" m^2"
390 LF 1
400 GRAPH :CSIZE 1
410 LINE (0,0)-(215,85),0,3,B
420 TEXT :CSIZE 1:LF 3:COLOR 0
430 INPUT "GESCHWINDIGKEIT (m/s): ";UU
440 INPUT "ABSCHUSSWINKEL : ";AL
450 LPRINT "DICHTE DER LUFT : 1.3 kg/m^3":LF 2
460 LPRINT "ABSCHUSSGESCHWINDIGKEIT : ";UU;" m/s"
470 LF 1
480 IF AL=0THEN 510
490 LPRINT "ABSCHUSSWINKEL : ";AL;" Grad"
500 GOTO 560
510 LPRINT "DER BALL WIRD WAAGRECHT ABGESCHOSSEN"
520 LF 2:BEEP 1,50,500:BEEP 1,70,400
530 INPUT "WURFZEIT : ";TT
540 LPRINT "WURFZEIT : ";TT;" s"
550 WAIT 5:PRINT "   GEDULD BITTE !"
560 LF 2
570 K=CW*1.3*A/(2*M)
580 G=9.81:DT=0.05
590 LF 2:COLOR 1
```

WURFBAHN MIT LUFTWIDERSTAND

PROGRAMM 1

FUER VIER VERSCHIEDENE BAELLE
ODER EINEN BELIEBIGEN WURFKOERPER
WERDEN DIE FLUGBAHNEN UNTER
BERUECKSICHTIGUNG DES LUFTWIDER-
STANDES BERECHNET UND MIT DEN
FLUGBAHNEN UNTER VERNACHLAESSIGUNG
DES LUFTWIDERSTANDES VERGLICHEN.

DIE ABWURFGESCHWINDIGKEIT UND DER
ABSCHUSSWINKEL SIND ANZUGEBEN.

```
   BAELLE :

   PING-PONG-BALL ...      P
   TENNISBALL .....        T
   GOLFBALL .........      G
   FUSSBALL ........       F
   BELIEBIGER KOERPER ..   B
```

```
            TENNISBALL

  CW - WERT :  0.45
  MASSE :  0.058 kg
  QUERSCHNITTSFLAECHE :   0.0034 m^2
```

DICHTE DER LUFT : 1.3 kg/m^3

ABSCHUSSGESCHWINDIGKEIT : 30 m/s

ABSCHUSSWINKEL : 45 Grad

Zeit	Geschw.	x	y
(s)	(m/s)	(m)	(m)
0.00	30.00	0.00	0.00
0.50	21.10	9.34	8.08
1.00	15.71	17.10	12.50
1.50	12.83	23.86	14.04
2.00	12.20	29.90	13.07
2.50	13.25	35.33	9.82
3.00	15.08	40.18	4.68

```
WURFDAUER :     3.40 s
WURFWEITE :    43.63 m
WURFHOEHE :    14.05 m
```

MAXIMALE HOEHE NACH   1.55 s

WURFBAHN OHNE BERUECKSICHTIGUNG
DES LUFTWIDERSTANDES :

```
WURFDAUER :     4.32 s
WURFWEITE :    91.74 m
WURFHOEHE :    22.94 m
```

MAXIMALE HOEHE NACH   2.16 s

DAUER DES PROGRAMMLAUFES :
4 Minuten und 20 Sekunden

```
600 REM                * * *

610 REM     * BERECHNUNG/TABELLE *

620 REM                * * *
630 U=UU*SIN AL:W=UU*COS AL
640 T=0:V=UU:X=0:Y=0:YY=0:E=0
650 IF AL<>OLET TT=0
660 LPRINT "   Zeit     Geschw.       x          y"
670 LF 1
680 LPRINT "   (s)       (m/s)       (m)        (m)"
690 LF 3:COLOR 0
700 Z=10
710 IF Z<>10THEN 770
720 USING "####.##"
730 LPRINT T;TAB 9;INT (100*ABS V+0.5)/100;
740 TAB 20:LPRINT INT (100*X+0.5)/100;
750 TAB 29:LPRINT INT (100*Y+0.5)/100
760 Z=0
770 T=T+DT:Z=Z+1
780 B=SQR (W*W+U*U)
790 YY=Y
800 DU=(G+K*U*B)*DT:U=U-DU
810 DW=-K*W*B*DT:W=W+DW
820 BE=ATN (U/W):V=U=U/SIN BE
830 DX=W*DT:X=X+DX
840 DY=U*DT:Y=Y+DY
850 IF AL=OTHEN 880
860 IF E=OAND YY>YLET WH=YY:LET TT=T:LET E=1
870 IF Y>=0GOTO 710
880 IF T<=TTGOTO 710
890 IF AL=OTHEN 1220
900 WW=X:WZ=T
910 LF 3:COLOR 1
920 REM                * * *

930 REM     * SCHIEFER WURF *
940 REM          * DATEN *

950 REM                * * *
960 WZ=INT (100*WZ+0.5)/100
970 WW=INT (100*WW+0.5)/100
980 WH=INT (100*WH+0.5)/100
990 LPRINT "WURFDAUER : ";WZ;" s"
1000 LPRINT "WURFWEITE : ";WW;" m"
1010 LPRINT "WURFHOEHE : ";WH;" m":LF 1
1020 LPRINT "MAXIMALE HOEHE NACH ";TT-DT;" s"
1030 LF 4:COLOR 3
1040 LPRINT "WURFBAHN OHNE BERUECKSICHTIGUNG"
1050 LPRINT "DES LUFTWIDERSTANDES :"
1060 LF 2:COLOR 1
1070 Z1=2*UU*SIN AL/G
1080 W1=UU*UU*SIN (2*AL)/G
1090 H1=UU*UU*SIN AL*SIN AL/(2*G)
1100 Z1=INT (100*Z1+0.5)/100
1110 W1=INT (100*W1+0.5)/100
1120 H1=INT (100*H1+0.5)/100
1130 LPRINT "WURFDAUER : ";Z1;" s"
1140 LPRINT "WURFWEITE : ";W1;" m"
1150 LPRINT "WURFHOEHE : ";H1;" m":LF 1
1160 LPRINT "MAXIMALE HOEHE NACH";Z1/2;" s"
1170 GOTO 1360
```

WURFBAHN
MIT LUFTWIDERSTAND

PROGRAMM 1

FUER VIER VERSCHIEDENE BAELLE
ODER EINEN BELIEBIGEN WURFKOERPER
WERDEN DIE FLUGBAHNEN UNTER
BERUECKSICHTIGUNG DES LUFTWIDER-
STANDES BERECHNET UND MIT DEN
FLUGBAHNEN UNTER VERNACHLAESSIGUNG
DES LUFTWIDERSTANDES VERGLICHEN.

DIE ABWURFGESCHWINDIGKEIT UND DER
ABSCHUSSWINKEL SIND ANZUGEBEN.

    BAELLE :

    PING-PONG-BALL ..... P
    TENNISBALL .... T
    GOLFBALL .... G
    FUSSBALL .... F
    BELIEBIGER KOERPER .. B

```
+------------------------------------+
|                                    |
|            WURFKOERPER             |
|                                    |
| CW - WERT :   1                    |
| MASSE :   0.3 kg                   |
| QUERSCHNITTSFLAECHE :   0.05 m^2   |
|                                    |
+------------------------------------+
```

DICHTE DER LUFT : 1.3 kg/m^3

ABSCHUSSGESCHWINDIGKEIT : 25 m/s

DER BALL WIRD WAAGRECHT ABGESCHOSSEN

WURFZEIT : 6 s

Zeit	Geschw.	x	y
(s)	(m/s)	(m)	(m)
0.00	25.00	0.00	0.00
0.50	10.60	7.24	-1.07
1.00	8.52	10.99	-3.59
1.50	8.64	13.30	-7.14
2.00	9.04	14.74	-11.33
2.50	9.30	15.68	-15.84
3.00	9.42	16.12	-20.50
3.50	9.48	16.43	-25.22
4.00	9.50	16.61	-29.96
4.50	9.51	16.72	-34.71
5.00	9.51	16.78	-39.47
5.50	9.52	16.82	-44.23
6.00	9.52	16.84	-48.98

ERREICHTE WEITE :   16.84 m
ERREICHTE TIEFE : -49.46 m

WURFBAHN OHNE BERUECKSICHTIGUNG
DES LUFTWIDERSTANDES :

ERREICHTE WEITE :   150.00 m
ERREICHTE TIEFE : -176.58 m

46

```
1180 REM              * * *

1190 REM    * HORIZONTALER WURF *
1200 REM        * DATEN *

1210 REM             * * *
1220 LF 3:COLOR 1
1230 X=INT (100*X+0.5)/100
1240 Y=INT (100*Y+0.5)/100
1250 LPRINT "ERREICHTE WEITE : ";X;" m"
1260 LPRINT "ERREICHTE TIEFE : ";Y;" m"
1270 LF 4:COLOR 3
1280 LPRINT "WURFBAHN OHNE BERUECKSICHTIGUNG"
1290 LPRINT "DES LUFTWIDERSTANDES :"
1300 LF 2:COLOR 1
1310 XX=UU*TT:YY=G/2*TT*TT
1320 XX=INT (100*XX+0.5)/100
1330 YY=-INT (100*YY+0.5)/100
1340 LPRINT "ERREICHTE WEITE : ";XX;" m"
1350 LPRINT "ERREICHTE TIEFE : ";YY;" m"
1360 COLOR 0:LF 3:USING
1370 TAB 10:LPRINT "- - - - - - - -":LF 3
1380 REM              * * *

1390 REM    * PROGRAMMDAUER *

1400 REM             * * *
1410 A=TIME :A1=INT (A*100)
1420 A2=10000*A-100*A1
1430 LPRINT "DAUER DES PROGRAMMLAUFES :"
1440 LPRINT A1;" Minuten und";A2;" Sekunden"
1450 LF 8
1460 END
1970 REM              * * *

1980 REM     * WURFKOERPER *

1990 REM             * * *
2000 "P":CW=0.45:A=0.0011:M=0.0025
2010 C$="PING-PONG-BALL":RETURN
2020 "T":CW=0.45:A=0.0034:M=0.058
2030 C$="TENNISBALL":RETURN
2040 "G":CW=0.45:A=0.0015:M=0.045
2050 C$="GOLFBALL":RETURN
2060 "F":CW=0.45:A=0.038:M=0.45
2070 C$="FUSSBALL":RETURN
2080 "B":WAIT 200:PRINT "WERTE IN SI-EINHEITEN"
2090 INPUT "CW-WERT : ";CW
2100 INPUT "QUERSCHNITTSFLAECHE : ";A
2110 INPUT "MASSE : ";M
2120 C$="WURFKOERPER":RETURN
2130 END


     STATUS 1 : 4552
     STATUS 1 (OHNE REM - ZEILEN) : 3487
```

WURFBAHN
MIT LUFTWIDERSTAND

PROGRAMM 1

FUER VIER VERSCHIEDENE BAELLE
ODER EINEN BELIEBIGEN WURFKOERPER
WERDEN DIE FLUGBAHNEN UNTER
BERUECKSICHTIGUNG DES LUFTWIDER-
STANDES BERECHNET UND MIT DEN
FLUGBAHNEN UNTER VERNACHLAESSIGUNG
DES LUFTWIDERSTANDES VERGLICHEN.

DIE ABWURFGESCHWINDIGKEIT UND DER
ABSCHUSSWINKEL SIND ANZUGEBEN.

    BAELLE :

    PING-PONG-BALL ...... P
    TENNISBALL .... T
    GOLFBALL .... G
    FUSSBALL .... F
    BELIEBIGER KOERPER .. B

```
+-----------------------------------------+
|              GOLFBALL                   |
|                                         |
|  CW - WERT : 0.45                       |
|  MASSE : 0.045 kg                       |
|  QUERSCHNITTSFLAECHE :  0.0015 m^2      |
+-----------------------------------------+
```

DICHTE DER LUFT : 1.3 kg/m^3

ABSCHUSSGESCHWINDIGKEIT : 65 m/s

ABSCHUSSWINKEL : 35 Grad

Zeit	Geschw.	x	y
(s)	(m/s)	(m)	(m)
0.00	65.00	0.00	0.00
0.50	46.91	22.76	14.69
1.00	36.13	40.74	24.06
1.50	29.16	55.76	29.61
2.00	24.65	68.76	32.09
2.50	22.01	80.27	31.97
3.00	20.86	90.59	29.52
3.50	20.86	99.91	24.96
4.00	21.62	108.32	18.50
4.50	22.80	115.88	10.36
5.00	24.12	122.64	0.75

WURFDAUER :   5.05 s
WURFWEITE : 123.28 m
WURFHOEHE :   32.34 m

MAXIMALE HOEHE NACH   2.20 s

WURFBAHN OHNE BERUECKSICHTIGUNG
DES LUFTWIDERSTANDES :

WURFDAUER :   7.60 s
WURFWEITE : 404.71 m
WURFHOEHE :   70.85 m

MAXIMALE HOEHE NACH   3.80 s

WURFBEWEGUNG IN LUFT

```
   5 "WURF 2":GOTO 50
  10 REM           * * *

  20 REM    * WURFBEWEGUNG IN LUFT *

  30 REM         *  PROGRAMM 2  *

  40 REM           * * *
  50 CLEAR :CSIZE 2:COLOR 3:USING
  60 TIME =0
  70 LPRINT "     WURFBAHN"
  80 LPRINT "MIT LUFTWIDERSTAND"
  90 LF 2:COLOR 0
 100 LPRINT "      PROGRAMM 2"
 110 LF 1:CSIZE 1:COLOR 2
 120 WAIT 5:PRINT " BITTE AUSDRUCK BEACHTEN"
 130 LPRINT "FUER VIER VERSCHIEDENE BAELLE"
 140 LPRINT "ODER EINEN BELIEBIGEN WURFKOERPER"
 150 LPRINT "WERDEN DIE FLUGBAHNEN UNTER"
 160 LPRINT "BERUECKSICHTIGUNG DES LUFTWIDER-"
 170 LPRINT "STANDES BERECHNET UND MIT DEN "
 180 LPRINT "FLUGBAHNEN UNTER VERNACHLAESSIGUNG"
 190 LPRINT "DES LUFTWIDERSTANDES VERGLICHEN."
 200 LPRINT "DIE BEIDEN WURFBAHNEN WERDEN"
 210 LPRINT "GRAPHISCH DARGESTELLT.":LF 1
 220 LPRINT "DIE ABWURFGESCHWINDIGKEIT UND DER"
 230 LPRINT "ABSCHUSSWINKEL SIND ANZUGEBEN."
 240 LF 1:COLOR 3
 250 LPRINT "      BAELLE :":LF 1:COLOR 2
 260 LPRINT "   PING-PONG-BALL ...... P"
 270 LPRINT "   TENNISBALL .......... T"
 280 LPRINT "   GOLFBALL ............ G"
 290 LPRINT "   FUSSBALL ............ F"
 300 LPRINT "   BELIEBIGER KOERPER .. B"
 310 LF 6:COLOR 3
 320 REM           * * *

 330 REM    * DATEN - EINGABE *

 340 REM           * * *
 350 BEEP 2,5,2000:BEEP 1,15,500
 360 INPUT "BALL WAEHLEN : ";B$
 370 WAIT 5:PRINT "   GEDULD BITTE !"
 380 GOSUB B$
 390 TAB 12:LPRINT C$:LF 1:COLOR 0
 400 LPRINT "  CW - WERT : ";CW
 410 LPRINT "  MASSE : ";M;" kg"
 420 LPRINT "  QUERSCHNITTSFLAECHE : ";A;" m^2"
 430 LF 1
 440 GRAPH :CSIZE 1
 450 LINE (0,0)-(215,85),0,3,B
 460 TEXT :CSIZE 1:LF 3:COLOR 0
 470 INPUT "GESCHWINDIGKEIT (m/s): ";UU
 480 INPUT "ABSCHUSSWINKEL : ";AL
 490 LPRINT "DICHTE DER LUFT : 1.3 kg/m^3":LF 2
 500 LPRINT "ABSCHUSSGESCHWINDIGKEIT : ";UU;" m/s"
 510 LF 1
 520 IF AL=0THEN 550
 530 LPRINT "ABSCHUSSWINKEL : ";AL;" Grad"
 540 GOTO 600
 550 LPRINT "DER BALL WIRD WAAGRECHT ABGESCHOSSEN"
 560 LF 2:BEEP 1,50,500:BEEP 1,70,400
 570 INPUT "WURFZEIT : ";TT
 580 LPRINT "WURFZEIT : ";TT;" s"
 590 WAIT 5:PRINT "   GEDULD BITTE !"
 600 LF 2
```

WURFBAHN MIT LUFTWIDERSTAND

PROGRAMM 2

FUER VIER VERSCHIEDENE BAELLE ODER EINEN BELIEBIGEN WURFKOERPER WERDEN DIE FLUGBAHNEN UNTER BERUECKSICHTIGUNG DES LUFTWIDERSTANDES BERECHNET UND MIT DEN FLUGBAHNEN UNTER VERNACHLAESSIGUNG DES LUFTWIDERSTANDES VERGLICHEN. DIE BEIDEN WURFBAHNEN WERDEN GRAPHISCH DARGESTELLT.

DIE ABWURFGESCHWINDIGKEIT UND DER ABSCHUSSWINKEL SIND ANZUGEBEN.

BAELLE :

```
PING-PONG-BALL ...    P
TENNISBALL .........  T
GOLFBALL .........    G
FUSSBALL .........    F
BELIEBIGER KOERPER .. B
```

```
             FUSSBALL

CW - WERT : 0.45
MASSE : 0.45 kg
QUERSCHNITTSFLAECHE :  0.038 m^2
```

DICHTE DER LUFT : 1.3 kg/m^3

ABSCHUSSGESCHWINDIGKEIT : 15 m/s

ABSCHUSSWINKEL : 75 Grad

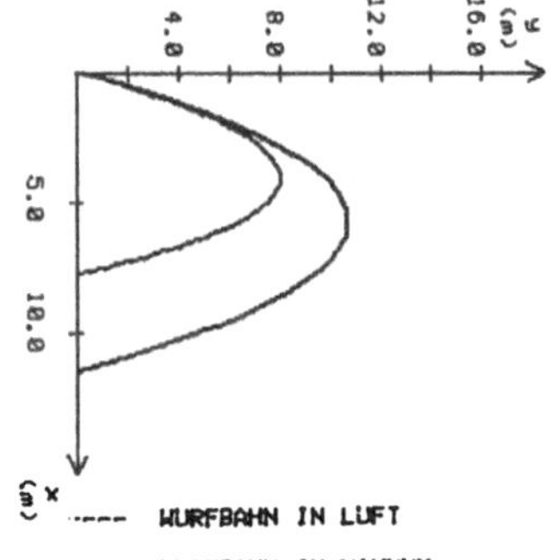

WURFDAUER : 2.6 s
WURFWEITE : 7.87 m
WURFHOEHE : 8.03 m

MAXIMALE HOEHE NACH 1.25 s

WURFBAHN OHNE BERUECKSICHTIGUNG DES LUFTWIDERSTANDES :

WURFDAUER : 2.95 s
WURFWEITE : 11.42 m
WURFHOEHE : 10.2 m

MAXIMALE HOEHE NACH 1.475 s

```
610 K=CW*1.3*A/(2*M)
620 G=9.81:DT=0.05
630 U=UU*SIN AL:W=UU*COS AL
640 IF AL<>0THEN 670
650 W1=UU*TT
660 GOTO 700
670 Z1=2*UU*SIN AL/G
680 W1=UU*UU*SIN (2*AL)/G
690 H1=UU*UU*SIN AL*SIN AL/(2*G)
700 Q=1:USING "####"
710 IF W1<=100LET Q=0.5:USING "####"
720 IF W1<=50LET Q=0.25:USING "###.#"
730 IF W1<=20LET Q=0.1:USING "###.#"
740 IF W1<=10LET Q=0.05:USING "##.##"
750 IF W1<=5LET Q=0.01:USING "##.##"
760 IF W1>=400LET Q=2:USING "####"
770 IF W1>=800LET Q=3:USING "#####"
780 IF W1>=1200LET Q=4
790 W2=W1/Q+40
800 IF AL=0GOTO 1580
810 REM            * * *

820 REM    * SCHIEFER WURF *

830 REM            * * *
840 GRAPH
850 GLCURSOR (30,-50):SORGN
860 LINE (0,-W2)-(0,0)-(185,0),0,0
870 ROTATE 1:CSIZE 1
880 FOR I=20TO 160STEP 20
890 LINE (I,-3)-(I,3)
900 IF I/40<>INT (I/40)THEN 920
910 GLCURSOR (I-5,35):LPRINT I*Q
920 NEXT I
930 LINE (178,4)-(185,0)-(178,-4)
940 GLCURSOR (179,20):LPRINT "y"
950 GLCURSOR (168,25):LPRINT "(m)"
960 FOR I=50TO (W2-60)STEP 50
970 LINE (-3,-I)-(3,-I)
980 GLCURSOR (-20,-I+22):LPRINT I*Q
990 NEXT I
1000 LINE (-4,-W2+7)-(0,-W2)-(4,-W2+7)
1010 GLCURSOR (-15,-W2-6):LPRINT "x"
1020 GLCURSOR (-25,-W2-2):LPRINT "(m)"
1030 GLCURSOR (0,0)
1040 T=0:U=UU:X=0:Y=0
1050 E=0:YY=0:TT=0
1060 T=T+DT
1070 B=SQR (W*W+U*U)
1080 YY=Y
1090 DU=(G+K*U*B)*DT:U=U-DU
1100 DW=-K*W*B*DT:W=W+DW
1110 DX=W*DT:X=X+DX
1120 DY=U*DT:Y=Y+DY
1130 IF E=0AND YY>YLET WH=YY:LET TT=T-DT:LET E=1
1140 IF Y<=0GOTO 1170
1150 LINE -(Y/Q,-X/Q),0,3
1160 GOTO 1060
1170 WW=X:W2=T
1180 REM            * * *

1190 REM  * BAHN OHNE LUFTWIDERSTAND *

1200 REM            * * *
1210 GLCURSOR (0,0)
1220 T=0:X=0:Y=0
1230 T=T+DT
1240 X=UU*COS AL*T
1250 Y=UU*SIN AL*T-G/2*T*T
```

WURFBAHN
MIT LUFTWIDERSTAND

PROGRAMM 2

FUER VIER VERSCHIEDENE BAELLE
ODER EINEN BELIEBIGEN WURFKOERPER
WERDEN DIE FLUGBAHNEN UNTER
BERUECKSICHTIGUNG DES LUFTWIDER-
STANDES BERECHNET UND MIT DEN
FLUGBAHNEN UNTER VERNACHLAESSIGUNG
DES LUFTWIDERSTANDES VERGLICHEN.
DIE BEIDEN WURFBAHNEN WERDEN
GRAPHISCH DARGESTELLT.

DIE ABWURFGESCHWINDIGKEIT UND DER
ABSCHUSSWINKEL SIND ANZUGEBEN.

    BAELLE :

    PING-PONG-BALL ....   P
    TENNISBALL ....   T
    GOLFBALL ....   G
    FUSSBALL ....   F
    BELIEBIGER KOERPER ..   B

```
      GOLFBALL

 CW - WERT :  0.45
 MASSE :  0.045 kg
 QUERSCHNITTSFLAECHE :   0.0015 m^2
```

DICHTE DER LUFT : 1.3 kg/m^3

ABSCHUSSGESCHWINDIGKEIT : 65 m/s

ABSCHUSSWINKEL : 35 Grad

---- WURFBAHN IN LUFT

---- WURFBAHN IM VAKUUM

WURFDAUER : 5.05 s
WURFWEITE : 123.28 m
WURFHOEHE : 32.34 m

MAXIMALE HOEHE NACH 2.2 s

WURFBAHN OHNE BERUECKSICHTIGUNG
DES LUFTWIDERSTANDES :

WURFDAUER : 7.6 s
WURFWEITE : 404.71 m
WURFHOEHE : 70.85 m

MAXIMALE HOEHE NACH 3.8 s

```
1260 IF Y<=OTHEN 1290
1270 LINE -(Y/Q,-X/Q),0,2
1280 IF T<Z1GOTO 1230
1290 LINE -(0,-W1/Q)
1300 GLCURSOR (-30,-W2-20)
1310 TEXT :CSIZE 1:COLOR 3:USING
1320 TAB 4:LPRINT "----   WURFBAHN IN LUFT"
1330 LF 1:COLOR 2
1340 TAB 4:LPRINT "----   WURFBAHN IM VAKUUM"
1350 LF 4:COLOR 1
1360 WZ=INT (100*WZ+0.5)/100
1370 WW=INT (100*WW+0.5)/100
1380 WH=INT (100*WH+0.5)/100
1390 LPRINT "WURFDAUER : ";WZ;" s"
1400 LPRINT "WURFWEITE : ";WW;" m"
1410 LPRINT "WURFHOEHE : ";WH;" m":LF 1
1420 LPRINT "MAXIMALE HOEHE NACH ";TT;" s"
1430 LF 4:COLOR 3
1440 LPRINT "WURFBAHN OHNE BERUECKSICHTIGUNG"
1450 LPRINT "DES LUFTWIDERSTANDES :"
1460 LF 2:COLOR 1
1470 Z1=INT (100*Z1+0.5)/100
1480 W1=INT (100*W1+0.5)/100
1490 H1=INT (100*H1+0.5)/100
1500 LPRINT "WURFDAUER : ";Z1;" s"
1510 LPRINT "WURFWEITE : ";W1;" m"
1520 LPRINT "WURFHOEHE : ";H1;" m":LF 1
1530 LPRINT "MAXIMALE HOEHE NACH";Z1/2;" s"
1540 GOTO 2190
1550 REM              * * *

1560 REM    * HORIZONTALER WURF *

1570 REM              * * *
1580 GRAPH :ROTATE 1:CSIZE 1
1590 GLCURSOR (190,-50):SORGN
1600 LINE (-185,0)-(0,0)-(0,-W2)
1610 FOR I=-160TO -20STEP 20
1620 LINE (I,-3)-(I,3)
1630 IF I/40<>INT (I/40)THEN 1650
1640 GLCURSOR (I-5,35):LPRINT I*Q
1650 NEXT I
1660 LINE (-178,4)-(-185,0)-(-178,-4)
1670 GLCURSOR (-177,20):LPRINT "y"
1680 GLCURSOR (-187,25):LPRINT "(m)"
1690 FOR I=50TO W2-60STEP 50
1700 LINE (-3,-I)-(3,-I)
1710 GLCURSOR (12,-I+10):LPRINT I*Q
1720 NEXT I
1730 LINE (-4,-W2+7)-(0,-W2)-(4,-W2+7)
1740 GLCURSOR (20,-W2-5):LPRINT "x"
1750 GLCURSOR (10,-W2+2):LPRINT "(m)"
1760 GLCURSOR (0,0)
1770 T=0:X=0:Y=0:U=VV:E=0
1780 T=T+DT
1790 B=SQR (W*W+U*U)
1800 YY=Y
1810 DU=(G+K*U*B)*DT:U=U-DU
1820 DW=-K*W*B*DT:W=W+DW
1830 DX=W*DT:X=X+DX
1840 DY=U*DT:Y=Y+DY
1850 IF ABS (Y/Q)>190LET E=1
1860 IF E=OLINE -(Y/Q,-X/Q),0,3
1870 IF T<=TTGOTO 1780
1880 WX=X:WY=Y
```

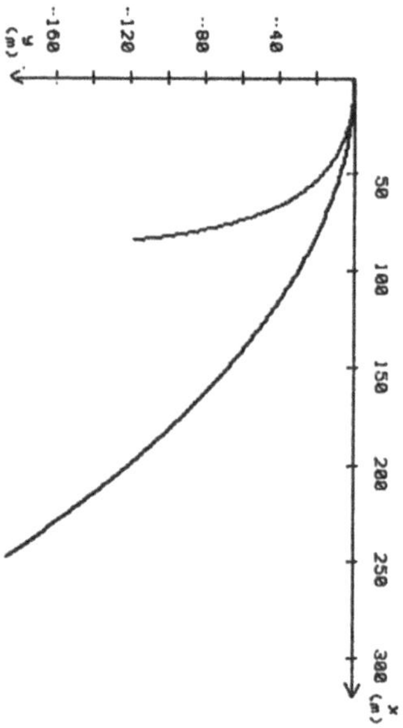

```
1890 REM              * * *

1900 REM  * BAHN OHNE LUFTWIDERSTAND *

1910 REM              * * *
1920 GLCURSOR (0,0)
1930 T=0:X=0:Y=0
1940 T=T+DT
1950 X=VU*T
1960 Y=G/2*T*T
1970 IF ABS (Y/Q)>190THEN 2000
1980 LINE -(-Y/Q,-X/Q),0,2
1990 IF T<=TTGOTO 1940
2000 GLCURSOR (-190,-W2-20)
2010 TEXT :CSIZE 1:COLOR 3:USING :LF 3
2020 TAB 4:LPRINT "----  WURFBAHN IN LUFT"
2030 LF 1:COLOR 2
2040 TAB 4:LPRINT "----  WURFBAHN IM VAKUUM"
2050 LF 4:COLOR 1
2060 WX=INT (100*WX+0.5)/100
2070 WY=INT (100*WY+0.5)/100
2080 LPRINT "ERREICHTE WEITE : ";WX;" m"
2090 LPRINT "ERREICHTE TIEFE : ";WY;" m"
2100 LF 4:COLOR 3
2110 LPRINT "WURFBAHN OHNE BERUECKSICHTIGUNG"
2120 LPRINT "DES LUFTWIDERSTANDES :"
2130 LF 2:COLOR 1
2140 XX=VU*TT:YY=G/2*TT*TT
2150 XX=INT (100*XX+0.5)/100
2160 YY=INT (100*YY+0.5)/100
2170 LPRINT "ERREICHTE WEITE : ";XX;" m"
2180 LPRINT "ERREICHTE TIEFE : ";-YY;" m"
2190 COLOR 0:LF 3:USING
2200 TAB 10:LPRINT "- - - - - - - -":LF 3
2210 REM              * * *

2220 REM     * PROGRAMMDAUER *

2230 REM              * * *
2240 A=TIME :A1=INT (100*A)
2250 A2=10000*A-100*A1
2260 LPRINT "DAUER DES PROGRAMMLAUFES :"
2270 LPRINT A1;" Minuten und";A2;" Sekunden"
2280 LF 8
2290 END
2970 REM              * * *

2980 REM      * WURFKOERPER *

2990 REM              * * *
3000 "P":CW=0.45:A=0.0011:M=0.0025
3010 C$="PING-PONG-BALL":RETURN
3020 "T":CW=0.45:A=0.0034:M=0.058
3030 C$="TENNISBALL":RETURN
3040 "G":CW=0.45:A=0.0015:M=0.045
3050 C$="GOLFBALL":RETURN
3060 "F":CW=0.45:A=0.038:M=0.45
3070 C$="FUSSBALL":RETURN
3080 "B":WAIT 200:PRINT "WERTE IN SI-EINHEITEN"
3090 INPUT "CW-WERT : ";CW
3100 INPUT "QUERSCHNITTSFLAECHE : ";A
3110 INPUT "MASSE : ";M
3120 C$="WURFKOERPER":RETURN
3130 END

      STATUS 1 : 6320
      STATUS 1 (OHNE REM - ZEILEN) : 5044
```

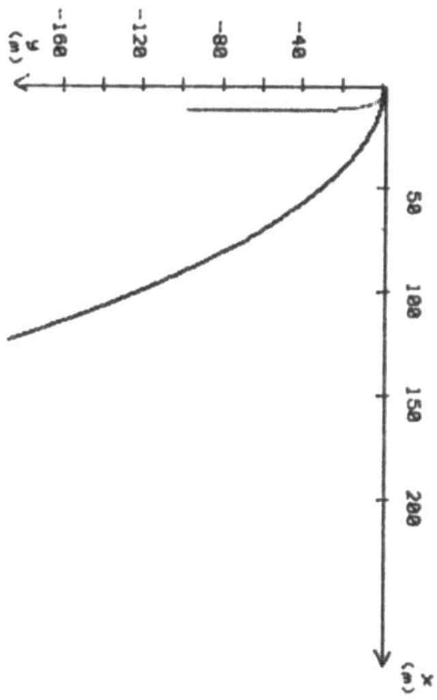

Siehe Farbanhang 2

6. TURMSPRINGER

PROBLEMSTELLUNG

Wie weit taucht man beim Sprung ins Wasser ein? Die Eintauchtiefe soll in Abhängigkeit von der Sprunghöhe berechnet bzw.
dargestellt werden. Der Springer springt allerdings nicht wirk-
lich, sondern läßt sich vom Brett fallen. Das Sprungbrett kann
sich in jeder beliebigen Höhe zwischen 0 und 10 m befinden.

PHYSIKALISCHE GRUNDLAGEN - PROGRAMMAUFBAU

Für die Berechnung der Eintauchtiefe ist der Widerstand, den der
Springer im Wasser erfährt, wesentlich. Der Luftwiderstand ist
hingegen bei Sprüngen bis zu 10 m um Größenordnungen geringer,
da die erreichte Geschwindigkeit in diesem Fall maximal ca.
50 km/h beträgt und kann daher vernachlässigt werden.
Für die Berechnung der jeweiligen Geschwindigkeit und der Ortskoordinaten des Springers wird der Bewegungsablauf in kleine
Zeitintervalle zerlegt.
Für die Geschwindigkeitsänderung gilt in elementarisierter Form
unter Annahme konstanter Reibung während der gesamten Bewegung:

$$\frac{dv}{dt} = g - k \cdot v \, |v| \qquad\qquad k = \frac{c_w A}{2} \cdot \frac{\rho}{m}$$

g ... Fallbeschleunigung ($9,81$ m/s^2)
A ... Querschnittsfläche des fallenden Körpers (m^2)
c_w... Widerstandsbeiwert
m ... Masse des Körpers (kg)
ρ ... Dichte des Wassers (1 kg/dm^3)

<u>In Luft</u> ist $\frac{dv}{dt} = g$, da der Term $k \cdot v \, |v|$ - wegen der geringen
Dichte der Luft und der geringen Fallhöhe - vernachlässigbar ist.
<u>In Wasser</u> gilt: $g = -1$, da der Auftrieb die Fallbewegung hemmt
und die Dichten von Springer und Wasser nahezu gleich sind. Für
k ergibt sich die Größenordnung 1.
Weiters müssen zwei Fälle unterschieden werden:
1. Sinken: $v > 0$: $\frac{dv}{dt} = -1 - v \, |v| = -1 - v^2$

2. Steigen: $v < 0$ (der Fallbewegung entgegengesetzt):
$$\frac{dv}{dt} = -1 + v \, |v| = -1 + v^2$$

Die Bewegung wird in jedem Zeitintervall wie eine gleichförmige
Bewegung behandelt. In jedem Zeitabschnitt wird der Weg $x = v \cdot dt$
zurückgelegt, wobei v die augenblickliche Geschwindigkeit ist.
Diese ändert sich jedoch ständig, wobei für die Beschleunigung
dv/dt die vorhin erklärten Formeln gelten (im Programm ist die
Beschleunigung mit F bezeichnet).
Die neue Geschwindigkeit ist stets $v_{alt} + F \cdot dt$.
Der entscheidende Programmteil ist die Schleife

    X:= X - V . DT

    V:= V + F . DT

    T:= T + DT

Die Bewegung wird für einen Zeitraum von 4 Sekunden betrachtet.
Zu Beginn der Bewegung ist die Geschwindigkeit $v = 0$ und die
Ortskoordinate x gleich der Absprunghöhe.
Bei Erreichen der Wasseroberfläche ist $x = 0$, unter Wasser ist
$x < 0$. Das Vorzeichen von x ist entscheidend dafür, mit welcher
Beschleunigung zu rechnen ist und wird zur entsprechenden Abfrage
benützt.

HINWEISE ZUR PROGRAMMGESTALTUNG

PROGRAMM 1

In dieser Fassung wird die augenblickliche Höhe für eine beliebige Absprunghöhe berechnet. Da in diesem Programm der Luftwiderstand nicht berücksichtigt wird, ist nur eine maximale Absprunghöhe von etwa 10 m physikalisch sinnvoll.
140 - 230: Für 40 Zeitintervalle von je 0,1 s werden die jeweilige Höhe x (bezogen auf die Wasseroberfläche) und die Geschwindigkeit v berechnet.

In einer Tabelle werden die Zeitpunkte und die dazugehörigen
Ortskoordinaten angegeben.

PROGRAMM 2

Anstelle der Höhenangaben wird der Weg in Abhängigkeit von der
Zeit graphisch dargestellt. Außerdem wird die maximale Eintauchtiefe durch die Variable E festgehalten und ausgedruckt.
E erhält man, indem vorerst für jede Ortskoordinate geprüft wird,
ob sie kleiner ist als die vorige. Ist das erste Mal die alte
Koordinate kleiner, so wird diese der Variablen E zugewiesen und
die weitere Abfrage unterbleibt. Dies wird mit einer Variablen A
erreicht, die vorher 0 war und beim Erreichen der maximalen Eintauchtiefe den Wert 1 erhält.

PROGRAMM 3

Für drei beliebige Höhen zwischen 1 und 10 m wird der Weg in Abhängigkeit von der Zeit dargestellt (Zeitdauer: 3,6 s, Intervall-
schritte 0,1 s). Für die Berechnung des Weges wurde der Massen-
mittelpunkt des Springers - 86 cm über dem Brett (1290) - gewählt. Die Höhe des Sprungturmes HH ist von der maximal gewählten Absprunghöhe abhängig (230 - 260). Die Schraffur des Sprungturmes erfolgt mit Hilfe des Befehles RLINE. Im Unterschied zum
LINE-Befehl beziehen sich bei der RLINE-Instruktion die Koordi-
natenangaben immer relativ auf die aktuelle Schreibkopfposition.
Die eingegebenen Höhen werden auf ganze Meter gerundet.
Die im Programm 2 und 3 gezeichnete Kurve stellt das Weg-Zeit-
Diagramm dar und darf nicht mit der tatsächlichen Sprungbahn
verwechselt werden. Da das Verhalten des Springers beim Ein-
bzw. Wiederauftauchen in Abhängigkeit von der Zeit von Interesse
ist, wurde eben diese Darstellung gewählt.

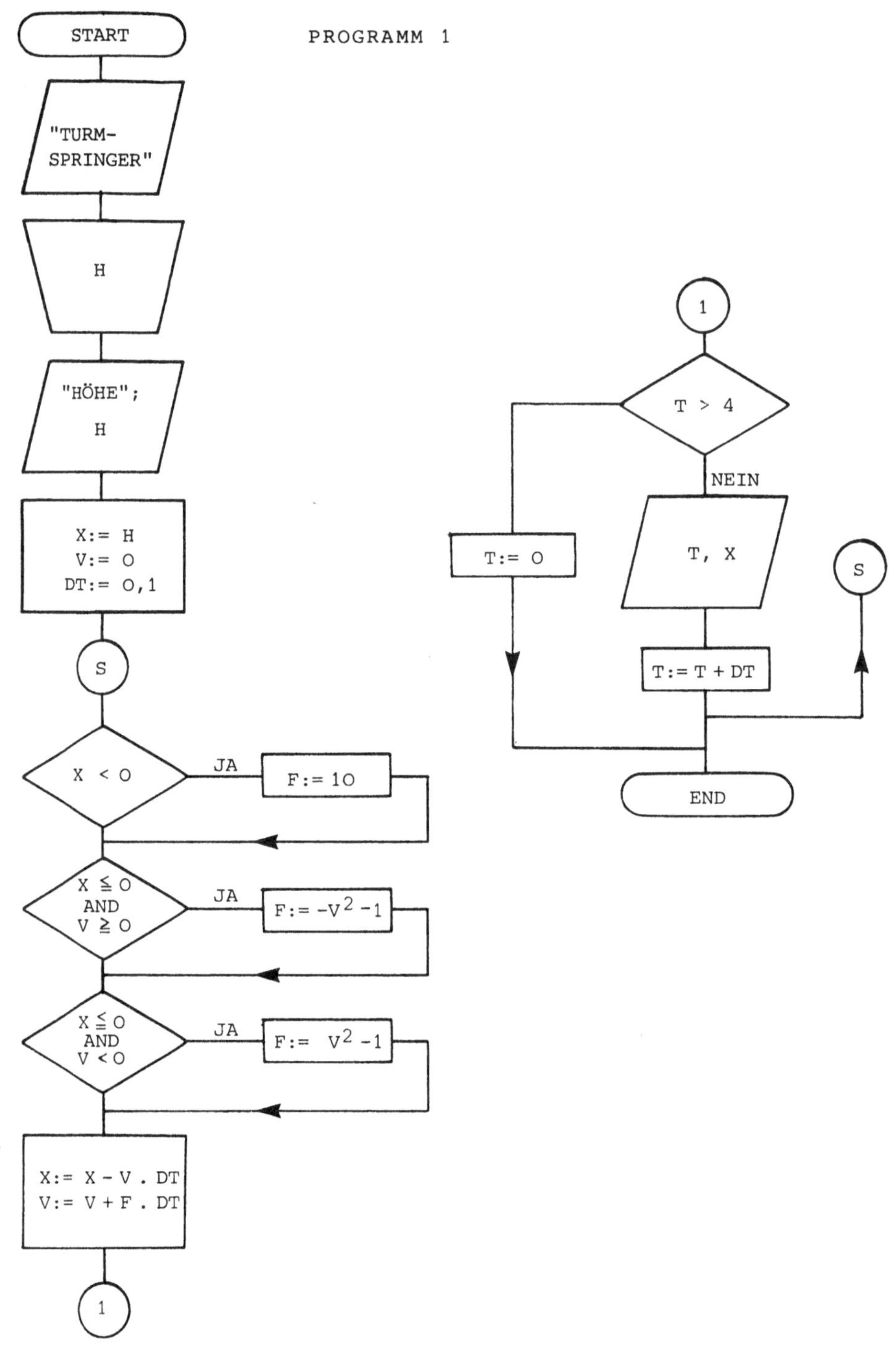

START
"TURM-SPRINGER"
H
"HÖHE"; H
X:= H
V:= O
DT:= O,1
S
X < O
JA
F:= 1O
X ≦ O AND V ≧ O
JA
F:= -V² -1
X ≦ O AND V < O
JA
F:= V² -1
X:= X - V . DT
V:= V + F . DT
1
PROGRAMM 1
T > 4
NEIN
T:= O
T, X
S
T:= T + DT
END

TURMSPRINGER

```
  5 "TURM 1":GOTO 50
 10 REM              * * *

 20 REM    *** TURMSPRINGER ***
 30 REM        *  PROGRAMM 1  *

 40 REM              * * *
 50 TEXT :CLEAR :CSIZE 2:COLOR 3:USING
 60 LPRINT "    TURMSPRINGER"
 70 LF 2:COLOR 0
 80 LPRINT "      PROGRAMM 1":LF 1
 90 INPUT "ABSPRUNGHOEHE <= 10 m : ";H
100 LPRINT "HOEHE : ";H;" m":LF 1
110 LPRINT " Zeit        Hoehe"
120 LPRINT "  (s)         (m )"
130 LF 1:CSIZE 1
140 X=H:V=0:DT=0.1
150 IF X>0LET F=10
160 IF X<=0AND V>=0LET F=-V*V-1
170 IF X<=0AND V<0LET F=V*V-1
180 X=X-V*DT
190 V=V+F*DT
200 IF T>4GOTO 240
210 TAB 4:LPRINT USING "##.#";T;
220 TAB 24:LPRINT USING "###.##";X
230 T=T+DT:GOTO 150
240 TEXT :USING :LF 8
250 END


     STATUS 1 : 596
     STATUS 1 (OHNE REM - ZEILEN) : 419
```

TURMSPRINGER

PROGRAMM 1

HOEHE : 8 m

Zeit (s)	Hoehe (m)
0.0	8.00
0.1	7.90
0.2	7.70
0.3	7.40
0.4	7.00
0.5	6.50
0.6	5.90
0.7	5.20
0.8	4.40
0.9	3.50
1.0	2.50
1.1	1.40
1.2	0.20
1.3	-1.10
1.4	-2.50
1.5	-1.93
1.6	-1.67
1.7	-1.47
1.8	-1.30
1.9	-1.15
2.0	-1.01
2.1	-0.88
2.2	-0.76
2.3	-0.64
2.4	-0.53
2.5	-0.42
2.6	-0.31
2.7	-0.20
2.8	-0.10
2.9	0.00
3.0	0.10
3.1	0.10
3.2	0.01
3.3	-0.18
3.4	-0.48
3.5	-0.67
3.6	-0.82
3.7	-0.94
3.8	-1.03
3.9	-1.11
4.0	-1.17

TURMSPRINGER

```
  5 "TURM 2":GOTO 50
 10 REM              * * *

 20 REM    *** TURMSPRINGER ***

 30 REM       *  PROGRAMM 2  *

 40 REM              * * *
 50 TEXT :CLEAR :CSIZE 2:COLOR 3:USING
 60 TIME =0
 70 LPRINT "   TURMSPRINGER "
 80 LF 2:COLOR 0
 90 LPRINT "     PROGRAMM 2"
100 LF 1:CSIZE 1
110 INPUT "ABSPRUNGHOEHE <=10 m : ";H
120 GRAPH
130 GLCURSOR (0,-420):SORGN
140 LINE (0,400)-(0,0)-(210,0),0,0
150 GLCURSOR (0,H*40)
160 REM              * * *

170 REM  * BERECHNUNG DER HOEHE *

180 REM              * * *
190 X=H:V=0:DT=0.1:A=0:XX=X+1
200 IF X>0LET F=10
210 IF X<=0AND V>=0LET F=-V*V-1
220 IF X<=0AND V<0LET F=V*V-1
230 X=X-V*DT
240 V=V+F*DT
250 REM              * * *

260 REM  * MAXIMALE EINTAUCHTIEFE *

270 REM              * * *
280 IF A=1GOTO 300
290 IF XX<=XLET A=1:E=XX
300 IF T>4LET T=0:GOTO 370
310 LINE -(50*T,40*X),0,3
320 XX=X
330 T=T+DT:GOTO 200
340 REM              * * *

350 REM     * DATEN - AUSGABE *

360 REM              * * *
370 GLCURSOR (0,(40*E)-30)
380 TEXT :COLOR 0
390 LPRINT "HOEHE : ";H;" m"
400 LPRINT "TIEFE : ";USING "##.##";E;" m"
410 LF 3:USING :CSIZE 1
420 REM              * * *

430 REM     * PROGRAMMDAUER *

440 REM              * * *
450 TAB 10:LPRINT "- - - - - - - - -":LF 3
460 A=TIME :A1=INT (A*100):A2=10000*A-100*A1
470 LPRINT "DAUER DES PROGRAMMLAUFES :"
480 LPRINT A1;" Minuten und";A2;" Sekunden"
490 LF 8
500 END

    STATUS 1 : 1522
    STATUS 1 (OHNE REM - ZEILEN) : 689
```

```
 TURMSPRINGER

   PROGRAMM 2
```

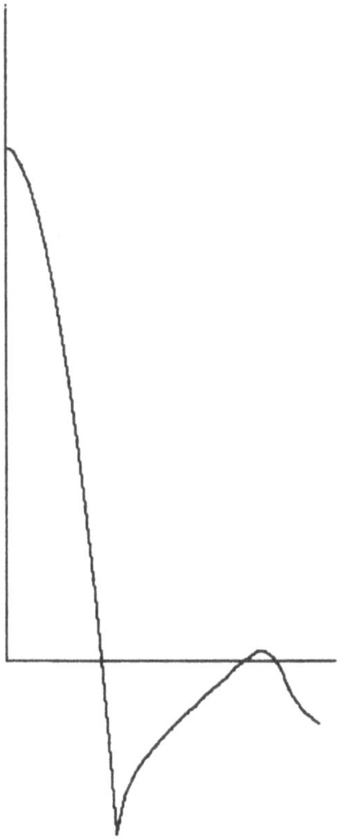

```
HOEHE :   7.85 m
TIEFE :  -2.65 m



        - - - - - - - -


DAUER DES PROGRAMMLAUFES :
 0 Minuten und 51 Sekunden
```

```
    TURMSPRINGER

  5 "TURM 3":GOTO 50
 10 REM              * * *

 20 REM      *** TURMSPRINGER ***

 30 REM         *  PROGRAMM  3  *

 40 REM                * * *
 50 TEXT :CLEAR :CSIZE 2:COLOR 3:USING
 60 TIME =0
 70 LPRINT "    TURMSPRINGER"
 80 LF 2:COLOR 0
 90 LPRINT "     PROGRAMM 3"
100 LF 1:CSIZE 1
110 BEEP 1,50,300:BEEP 2,90,300:BEEP 1,50,300
120 WAIT 150:PRINT "NUN EINGABE VON 3 HOEHEN !"
130 INPUT "HOEHE 1 (1<=h<=10 m) : ";H1
140 H1=INT ((10*H1+5)/10)
150 IF H1<1OR H1>10GOTO 130
160 INPUT "HOEHE 2 (1<=h<=10 m) : ";H2
170 H2=INT ((10*H2+5)/10)
180 IF H2<1OR H2>10GOTO 160
190 INPUT "HOEHE 3 (1<=h<=10 m) : ";H3
200 H3=INT ((10*H3+5)/10)
210 IF H3<1OR H3>10GOTO 190
220 PRINT "     GEDULD BITTE !"
230 HH=H1
240 IF H2>H1LET HH=H2
250 IF H2>HHLET HH=H2
260 IF H3>HHLET HH=H3
270 GRAPH :GLCURSOR (0,-(36*HH)-70):SORGN
280 REM              * * *

290 REM   * GRAFIK - SPRUNGTURM *

300 REM                * * *
310 GLCURSOR (8,5)
320 FOR I=1TO (HH*7.05)+5
330 RLINE -(0,5)-(-8,8)-(8,-8),0,0:NEXT I
340 LINE (0,10)-(0,(HH*36)+35)
350 LINE -(8,(HH*36)+35)-(8,(HH*36)+22)
360 LINE (8,H1*36)-(25,H1*36)
370 LINE (8,H2*36)-(25,H2*36)
380 LINE (8,H3*36)-(25,H3*36)
390 GLCURSOR (25,0):SORGN
400 C=36*H1:B=0:X=H1+0.85:V=0:DT=0.1:A=0:XX=X+1
410 GOSUB 1240
420 E1=E
430 C=36*H2:B=2:X=H2+0.85:V=0:DT=0.1:A=0:XX=X+1
440 GOSUB 1240
450 E2=E
460 C=36*H3:B=3:X=H3+0.85:V=0:DT=0.1:A=0:XX=X+1
470 GOSUB 1240
480 E3=E
490 GLCURSOR (-25,0):SORGN
500 REM                * * *

510 REM   * GRAFIK - BECKEN *

520 REM                * * *
530 FOR I=0TO 10
540 LINE (I,-110)-(I,10),0,0:NEXT I
550 FOR I=206TO 216
560 LINE (I,-110)-(I,10),0,0:NEXT I
570 FOR I=-120TO -110
580 LINE (0,I)-(220,I):NEXT I
```

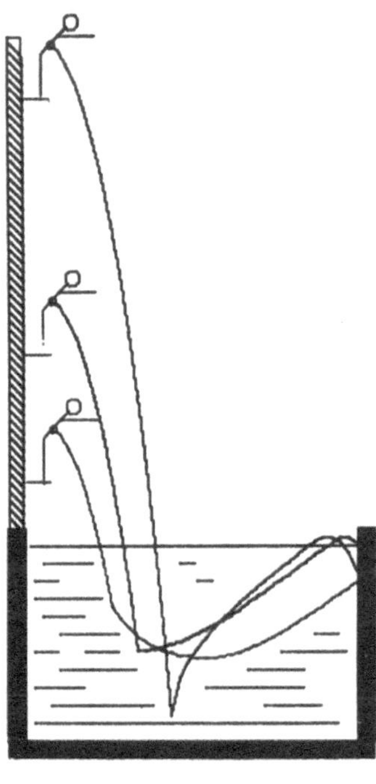

```
 590 LINE (10,0)-(206,0),0,1
 600 LINE (20,-10)-(50,-10)
 610 LINE (100,-10)-(110,-10)
 620 LINE (15,-20)-(30,-20)
 630 LINE (110,-20)-(120,-20)
 640 LINE (15,-30)-(55,-30)
 650 LINE (20,-40)-(45,-40)
 660 LINE (30,-50)-(65,-50)
 670 LINE (180,-50)-(195,-50)
 680 LINE (15,-60)-(30,-60)
 690 LINE (45,-60)-(65,-60)
 700 LINE (160,-60)-(200,-60)
 710 LINE (30,-70)-(75,-70)
 720 LINE (140,-70)-(175,-70)
 730 LINE (15,-80)-(45,-80)
 740 LINE (115,-80)-(175,-80)
 750 LINE (25,-90)-(85,-90)
 760 LINE (150,-90)-(185,-90)
 770 LINE (15,-100)-(195,-100)
 780 REM           * * *

 790 REM   * DARSTELLUNG DER ZEITSKALA *

 800 REM           * * *
 810 LINE (25,-150)-(217,-150),0,0
 820 LINE (210,-147)-(217,-150)-(210,-153)
 830 FOR I=25TO 175STEP 50:LINE (I,-150)-(I,-157)
 840 GLCURSOR (I-5,-170):CSIZE 1
 850 LPRINT (I-25)/50:NEXT I
 860 FOR I=50TO 200STEP 50
 870 LINE (I,-150)-(I,-154):NEXT I
 880 GLCURSOR (200,-170):LPRINT "t/s"
 890 GLCURSOR (0,-250)
 900 TEXT :CSIZE 1
 910 H=H1:ET=-E1:GOSUB 1540
 920 LF 2:COLOR 2:H=H2:ET=-E2:GOSUB 1540
 930 LF 2:COLOR 3:H=H3:ET=-E3:GOSUB 1540
 940 COLOR 1:LF 3
 950 TAB 10:LPRINT "H I N W E I S :":LF 1
 960 LPRINT "DIE DARGESTELLTE LINIE ENTSPRICHT"
 970 LPRINT "NICHT DER TATSAECHLICHEN BEWEGUNG,"
 980 LPRINT "SONDERN STELLT DIE ZEITLICHE"
 990 LPRINT "AUFLOESUNG DER BEWEGUNG DAR !":LF 1
1000 LPRINT "BEOBACHTUNGSZEITRAUM : 3.6 SEKUNDEN"
1010 LF 1:LPRINT "IN DIESEM PROGRAMM WURDE NUR"
1020 LPRINT "DER REIBUNGSWIDERSTAND IN WASSER"
1030 LPRINT "BERUECKSICHTIGT !"
1040 COLOR 0:LF 3:USING
1050 REM           * * *

1060 REM      * PROGRAMMDAUER *

1070 REM           * * *
1080 TAB 10:LPRINT "- - - - - - - -":LF 3
1090 A=TIME :A1=INT (A*100):A2=10000*A-100*A1
1100 LPRINT "DAUER DES PROGRAMMLAUFES :"
1110 LPRINT A1;" Minuten und";A2;" Sekunden"
1120 LF 8
1130 END
```

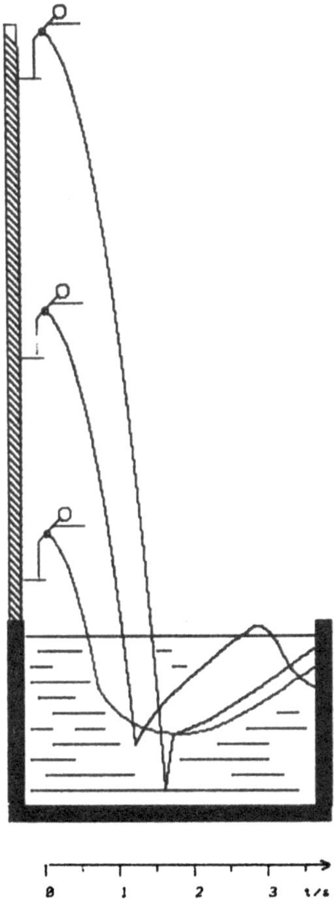

TURMSPRINGER

PROGRAMM 3

```
1200 REM              * * *

1210 REM        * UNTERPROGRAMM *
1220 REM      * GRAFIK - SPRINGER *

1230 REM              * * *
1240 LINE (-5,C)-(-5,C+25)-(10,C+40),0,B
1250 LINE (5,C+35)-(27,C+35),0,B
1260 GLCURSOR (9,C+39):CSIZE 2:LPRINT "o"
1270 GLCURSOR (-1,C+28):CSIZE 1
1280 LPRINT "o"
1290 GLCURSOR (0,C+31)
1300 REM              * * *

1310 REM    * DARSTELLUNG /FALLBEWEGUNG *

1320 REM              * * *
1330 IF X>0LET F=10
1340 IF X<=0AND V>=0LET F=-V*V-1
1350 IF X<=0AND V<0LET F=V*V-1
1360 X=X-V*DT
1370 V=V+F*DT
1380 IF A=1GOTO 1400
1390 IF XX<=XLET A=1:E=XX
1400 IF T>3.6LET T=0:GOTO 1440
1410 LINE -(50*T,36*X),0,B
1420 XX=X
1430 T=T+DT:GOTO 1330
1440 RETURN
1500 REM              * * *

1510 REM        * UNTERPROGRAMM *
1520 REM      * DATEN - AUSDRUCK *

1530 REM              * * *
1540 LPRINT "SPRUNG VOM ";H;" m - BRETT :"
1550 LF 1
1560 LPRINT "EINTAUCHTIEFE : ";
1570 LPRINT INT (10*ET+0.5)/10;" Meter"
1580 RETURN
1590 END


     STATUS 1 : 4129
     STATUS 1 (OHNE REM - ZEILEN) : 2845
```

SPRUNG VOM 1 m - BRETT :

EINTAUCHTIEFE : 1.8 Meter

SPRUNG VOM 5 m - BRETT :

EINTAUCHTIEFE : 2 Meter

SPRUNG VOM 10 m - BRETT :

EINTAUCHTIEFE : 2.8 Meter

H I N W E I S :

DIE DARGESTELLTE LINIE ENTSPRICHT
NICHT DER TATSAECHLICHEN BEWEGUNG,
SONDERN STELLT DIE ZEITLICHE
AUFLOESUNG DER BEWEGUNG DAR !

BEOBACHTUNGSZEITRAUM : 3.6 SEKUNDEN

IN DIESEM PROGRAMM WURDE NUR
DER REIBUNGSWIDERSTAND IN WASSER
BERUECKSICHTIGT !

-- - - - - - --

DAUER DES PROGRAMMLAUFES :
   4 Minuten und 31 Sekunden

Siehe Farbanhang 3

7. SATELLITENBAHNEN

PROBLEMSTELLUNG

Das Programm soll die Bewegung eines im Gravitationsfeld der
Erde abgeschossenen Flugkörpers beschreiben. Dabei sind die
Abschußhöhe, die Anfangsgeschwindigkeit und der Winkel, unter
dem sich der Körper von der Erde wegbewegt, frei wählbar.
Die Bewegung wird in hinreichend kleinen Zeitintervallen be-
schrieben.

PHYSIKALISCHE GRUNDLAGEN - PROGRAMMAUFBAU

Der Flugkörper erhält eine Anfangsgeschwindigkeit v und befindet sich im Einflußbereich der Erde. Daher wirkt auf ihn eine
Kraft, die ihn in Richtung zum Erdmittelpunkt beschleunigt.
Seine Geschwindigkeit wird also in jedem betrachteten Zeitintervall geändert, es hängt aber auch die Beschleunigung von
seiner Flughöhe ab.
Für jedes Zeitintervall werden berechnet:
1. die Beschleunigung, abhängig von der jeweiligen Höhe,
2. die daraus folgende neue Geschwindigkeit,
3. der neue Abstand zur Erde, bzw. die neue Position des Flugkörpers.

Da die Bewegungsrichtung nicht mit der Richtung der anziehenden
Kraft übereinstimmt, müssen von allen drei Größen (Beschleuni-
gung, Geschwindigkeit, Ort) für die graphische Darstellung zwei
Komponenten angegeben werden (x-Komponente, y-Komponente).

Nach dem Gravitationsgesetz gilt für die Anziehungskraft zwischen zwei Körpern der Massen m und M, deren Abstand r beträgt:

$$F = G \cdot \frac{m \cdot M}{r^2}$$

G ... Gravitationskonstante
$G = 6{,}67 \cdot 10^{-11} \; m^3 \; kg^{-1} \; s^{-2}$
M ... Erdmasse $\quad M = 6 \cdot 10^{24} \; kg$

Im Programm wird mit $GM = G \cdot M = 4 \cdot 10^{14}$ gerechnet.
Für die Beschleunigung des Flugkörpers gilt wegen $a = F/m$:

$$a = GM/r^2$$

Da die Kraft anziehend wirkt, d. h. der Bewegung des Flugkörpers von der Erde weg entgegenwirkt, erhält die Beschleunigung ein negatives Vorzeichen.

Wie man die x- und y-Koordinaten der Beschleunigung erhält, soll die folgende Überlegung klarmachen.
Der Zentralkörper (die Erde) befindet sich im Ursprung eines Koordinatensystems, in dem die Position des Flugkörpers durch x- und y-Koordinaten angegeben wird.

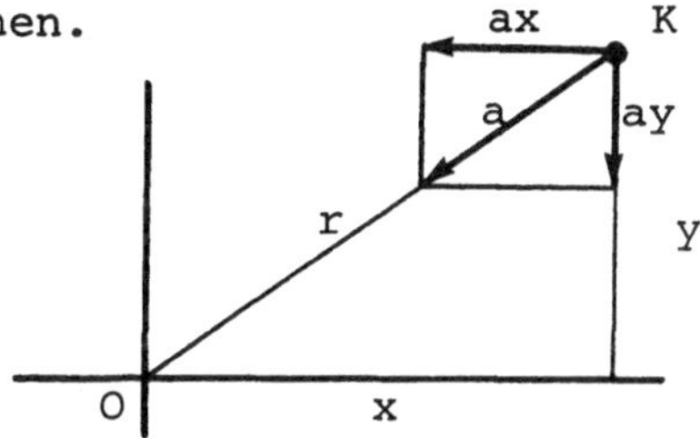

Aus den ähnlichen Dreiecken (Dreieck 1 mit den Seiten r, x, y; Dreieck 2 mit den Seiten a, ax, ay) ergeben sich die Gleichungen:

$$\frac{ax}{a} = \frac{x}{r} \quad \text{und} \quad \frac{ay}{a} = \frac{y}{r}$$

wobei r der Abstand des Körpers vom Erdmittelpunkt ist und

$$r = \sqrt{x^2 + y^2} \quad \text{ist.}$$

Daraus folgt $ax = a \cdot \frac{x}{r}$ und mit $a = \frac{GM}{r^2}$ die Formel für ax:

$$ax = \frac{GM \cdot x}{r^3} \quad , \quad \text{ebenso} \quad ay = \frac{GM \cdot y}{r^3}$$

Der Abstand r wird im vorliegenden Programm mit s bezeichnet.

Die Geschwindigkeitskomponenten vx und vy der Anfangsgeschwindigkeit v werden aus v und dem Abschußwinkel α berechnet.
Es gilt:

$$vx = v \cdot \cos \alpha$$
$$vy = v \cdot \sin \alpha$$

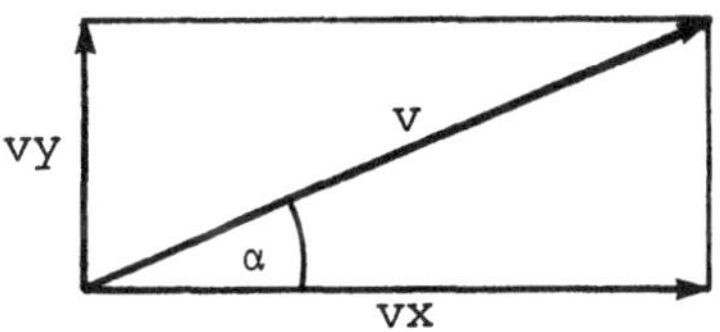

Das Zeitintervall dt ist ebenfalls wählbar, doch sind zu kleine Zeitintervalle nicht sinnvoll. Es werden überall SI-Einheiten verwendet, d.h. für Abstände Meter und für Geschwindigkeiten Meter/Sekunde, sodaß Zeitintervalle in der Größenordnung von 100 s ausreichend klein sind - vor allem für die graphische Darstellung.

Die wichtigsten Programmschritte (die Schleife) soll die folgende Übersicht zeigen:

Anfangsbedingungen: x = 0, y = Höhe über der Erde + Erdradius

$$vx = v \cdot \cos \alpha, \quad vy = v \cdot \sin \alpha$$
$$t = 0, \quad ax = 0, \quad ay = 0$$

Schleife: $s = \sqrt{x^2 + y^2}$ $\qquad ax = - \dfrac{GM \cdot x}{s^3}$, $ay = - \dfrac{GM \cdot y}{s^3}$

$$vx_{neu} = vx_{alt} + ax \cdot dt \qquad vy_{neu} = vy_{alt} + ay \cdot dt$$

$$t = t + dt$$

$$x_{neu} = x_{alt} + vx \cdot dt \qquad y_{neu} = y_{alt} + vy \cdot dt$$

Zur neuerlichen Berechnung von s erfolgt Rücksprung zum Schleifenanfang.

Bei allen Berechnungen wurde der Luftwiderstand vernachlässigt.

Der Flugkörper kehrt entweder nach einer gewissen Zeit zur Erde zurück oder wird zum Satelliten, oder er verläßt die Erde für immer. Entscheidend für seine Bahn ist nicht nur die ihm erteilte Anfangsgeschwindigkeit, sondern auch die Abschußhöhe und der Winkel zur Erdoberfläche. Die Bahn des Satelliten ist im allgemeinen eine Ellipse, kann aber in einzelnen Fällen auch zu einem Kreis um die Erde werden. Für Ellipsenbahnen befindet sich die Erde in einem Brennpunkt der Ellipse. Für einen Flugkörper, der waagrecht von der Erdoberfläche ($r = r_o = 6{,}37 \cdot 10^6$ m) abgeschossen wird (also H = O und α = O) gibt es zwei typische Grenzgeschwindigkeiten:

1. Die Kreisbahngeschwindigkeit $v = \sqrt{\dfrac{G \cdot M}{r}}$, die für einen
   Satelliten nahe der Erdoberfläche   v = 7,9 km/s beträgt.
   Diese Geschwindigkeit heißt 1. kosmische Geschwindigkeit.

2. Die Fluchtgeschwindigkeit $v = \sqrt{\dfrac{2 \cdot G \cdot M}{r}}$, die für den
   Abschuß von der Erdoberfläche   v = 11,2 km/s ergibt.
   Diese Geschwindigkeit heißt 2. kosmische Geschwindigkeit.
   Sie ermöglicht einem Flugkörper das Verlassen der Erde.

Für sehr kleine Anfangsgeschwindigkeiten (< 6 km/s und H = O) ergibt sich als Flugbahn die bekannte Wurfparabel. In diesem Fall wird dann nicht schrittweise gerechnet, sondern mit Hilfe der Formeln für die maximale Wurfhöhe, für die Wurfweite und die Dauer des Fluges.

Maximale Wurfhöhe: $WH = \dfrac{v^2 \cdot \sin^2 \alpha}{2\,g}$

Wurfweite: $W = \dfrac{v^2 \cdot \sin 2\alpha}{g}$ $\qquad$ Flugdauer: $T = \dfrac{2 \cdot v \cdot \sin \alpha}{g}$

HINWEISE ZUR PROGRAMMGESTALTUNG

PROGRAMM 1

In diesem Programm werden für die wählbaren Zeitintervalle
diese, sowie die jeweiligen Ortskoordinaten und die Entfernung des Flugkörpers vom Erdmittelpunkt als Tabelle ausgedruckt. Es wird allerdings nur jedes 5. Zeitintervall gedruckt,
sodaß bei geringer Tabellenlänge eine Aussage über die Flugbahn
gemacht werden kann.

Eingabe: Abschußhöhe über der Erde in km ... H
            Abschußgeschwindigkeit in km/s ... v
            Abschußwinkel gegen die Erdoberfläche in Grad ... AL
            für Satellitenbahn zusätzlich:
            Zeitintervall in s ... DT

Das Programm enthält eine Fallunterscheidung für das Erreichen
der Fluchtgeschwindigkeit bei der Abschußhöhe O. In diesem Fall
wird die Stringvariable A$ = "Z", wodurch am Programmende ein
entsprechender Text gedruckt wird (710). Kleine Anfangsgeschwindigkeiten (v < 6 km/s) führen zu einer Wurfparabel bis zu einer
maximalen Wurfweite von ca. 3600 km (Abfrage in 180).
Die Daten für die Wurfbewegung werden ab Zeile 1070 berechnet
und ausgegeben, wobei die entsprechenden Formeln verwendet werden. Auch die Überschrift SATELLITENBAHN oder WURFBAHN wird
unter Berücksichtigung der eingegebenen Daten gewählt.
Die Berechnung erfolgt in SI-Einheiten, weshalb eine Umrechnung
der eingegebenen Daten notwendig ist.

Bezeichnungen:
RR Abschußhöhe + Erdradius
VX, VY Geschwindigkeitskomponenten
AX, AY Beschleunigungskomponenten
Z   Zählvariable zum Ausdruck der Tabelle. Sie bewirkt, daß nur
    jeder 5. Intervallschritt gedruckt wird.
U   Zählvariable zum Ausdruck der Tabelle. U bewirkt die Leer-
    zeile nach jeweils vier gedruckten Zeilen und die Abfrage
    nach 8 Zeilen (40 Rechenschritte), ob die Tabelle weiterge-
    druckt werden soll. (Für U$ ist "J" wird die Tabelle weiter-
    gedruckt).

Die Ortskoordinaten werden in km angegeben. Deshalb ist z.B. die
zu druckende Koordinate XP gleich 1/1000 der berechneten Koordinate X. Das gleiche gilt für YP und SP.
Als Abbruchbedingung für die Berechnung der Satellitenbahn wird
nur der Fall berücksichtigt, daß der Flugkörper wieder zur Erde
zurückkehrt.
Durch die Abfrage, ob die Tabelle noch weitergedruckt werden
soll, läßt sich die Länge der Tabelle der gestellten Aufgabe an-
passen.

Für Anfangsgeschwindigkeiten < 6 km/s wird keine Tabelle gedruckt. Berechnet und ausgegeben werden (auf Ganze gerundet):
Wurfweite W, maximale Wurfhöhe WH und Flugdauer DT.

PROGRAMM 2

Mit dem Rechenprogramm als Grundlage erfolgt nun eine graphische Darstellung der Bahn des Flugkörpers. Für die Satellitenbahn beträgt der Maßstab 1 : 500 000. Die für die Zeichnung verwendeten Koordinaten heißen XG und YG.
Die Zeichnung der Erde mit dem Startpunkt des Satelliten erfolgt
im Programmteil 470 bis 610.
Bei der graphischen Darstellung der Flugbahn gibt es einige Ab-
bruchbedingungen, die durch die Abmessungen des Papierstreifens
gegeben sind (750 bis 780). Außerdem soll nach neuerlichem Erreichen des Startpunktes (Koordinaten XA, YA) nicht weitergezeichnet werden (790). Falls der Flugkörper wieder zur Erde zurückkehrt, soll das Programm ebenfalls beendet werden (740).

Für die Darstellung der Wurfparabeln ergibt sich die Schwierig-
keit, daß diese sehr unterschiedlich groß sein können, weshalb
je nach Anfangsgeschwindigkeit verschiedene Koordinatensysteme
und Zeitintervalle gewählt werden müssen (1070 - 1120).
Die Darstellung der Parabeln erfolgt durch schrittweise Berechnung der Koordinaten nach den Formeln:

$$x = v \cdot \cos\alpha \cdot t \qquad y = v \cdot \sin\alpha \cdot t - \frac{g}{2} \cdot t^2 \qquad \frac{g}{2} = 4,95$$

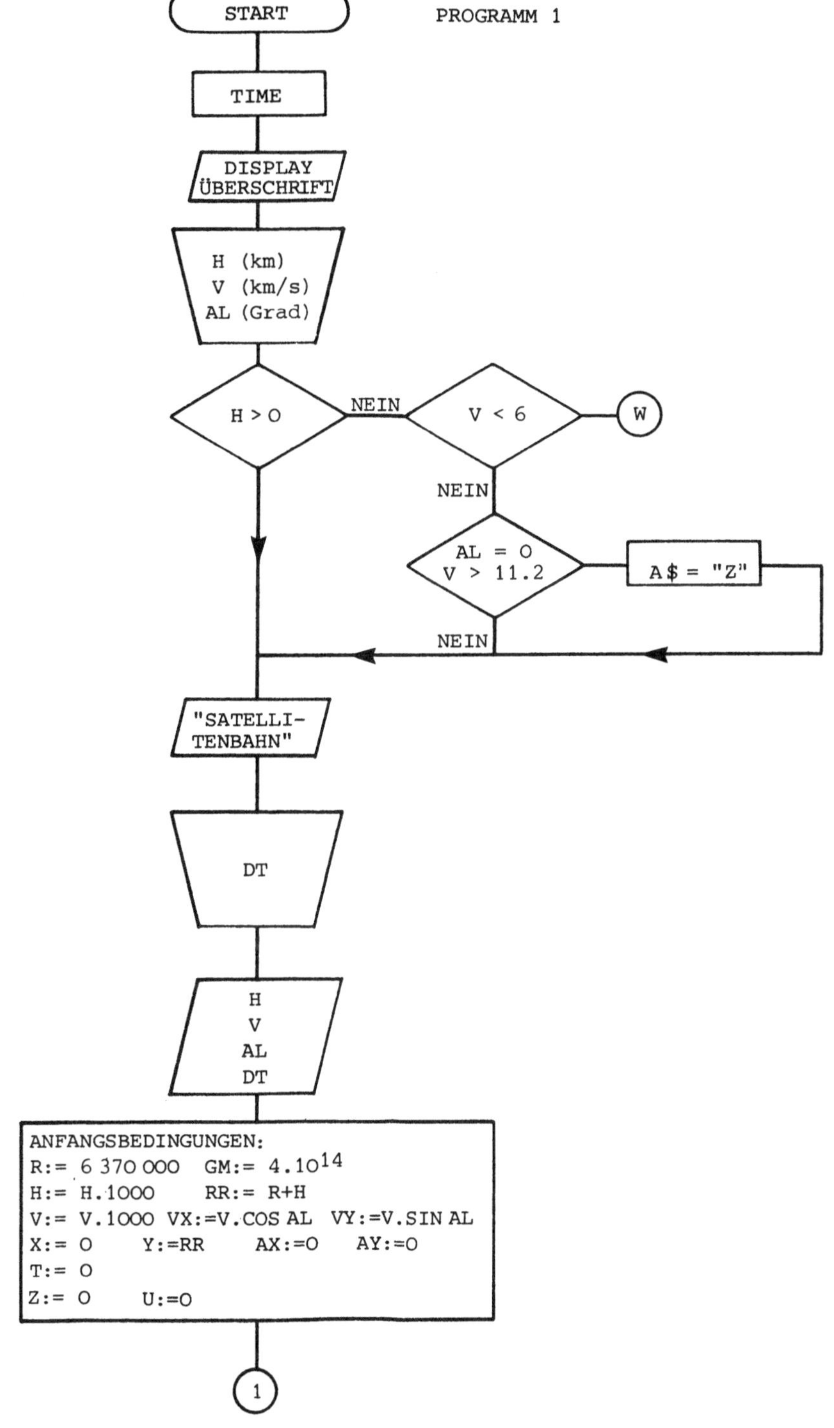

START
PROGRAMM 1
TIME
DISPLAY
ÜBERSCHRIFT
H (km)
V (km/s)
AL (Grad)
H > O
NEIN
V < 6
W
NEIN
AL = O
V > 11.2
A$ = "Z"
NEIN
"SATELLI-
TENBAHN"
DT
H
V
AL
DT
ANFANGSBEDINGUNGEN:
R:= 6 370 000   GM:= 4.10^14
H:= H.1000   RR:= R+H
V:= V.1000 VX:=V.COS AL VY:=V.SIN AL
X:= O   Y:=RR   AX:=O   AY:=O
T:= O
Z:= O   U:=O
1

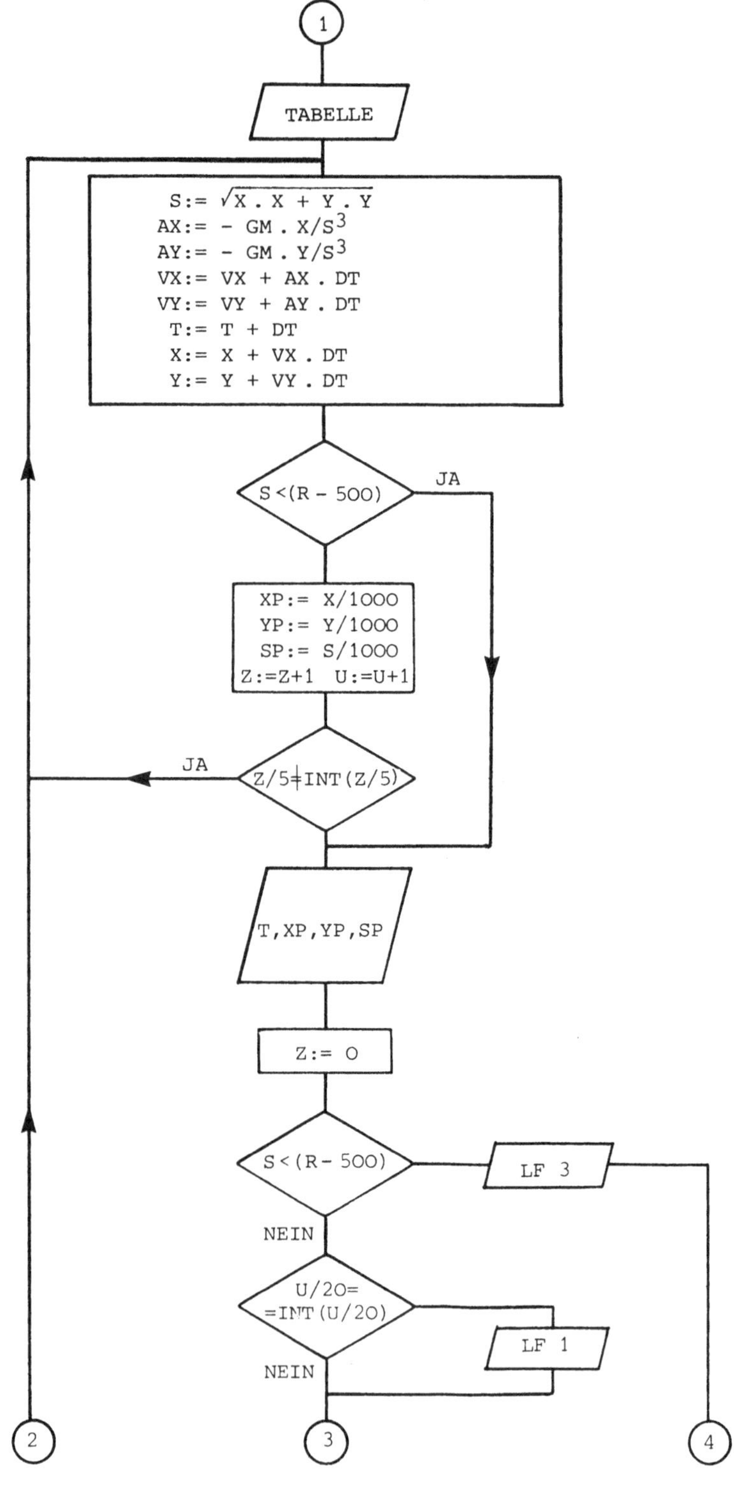

1
TABELLE
S := √X . X + Y . Y
AX := − GM . X/S³
AY := − GM . Y/S³
VX := VX + AX . DT
VY := VY + AY . DT
T := T + DT
X := X + VX . DT
Y := Y + VY . DT
S < (R − 500)
JA
XP := X/1000
YP := Y/1000
SP := S/1000
Z := Z+1   U := U+1
Z/5 = INT(Z/5)
JA
T, XP, YP, SP
Z := O
S < (R − 500)
LF 3
NEIN
U/20 = = INT(U/20)
LF 1
NEIN
2
3
4

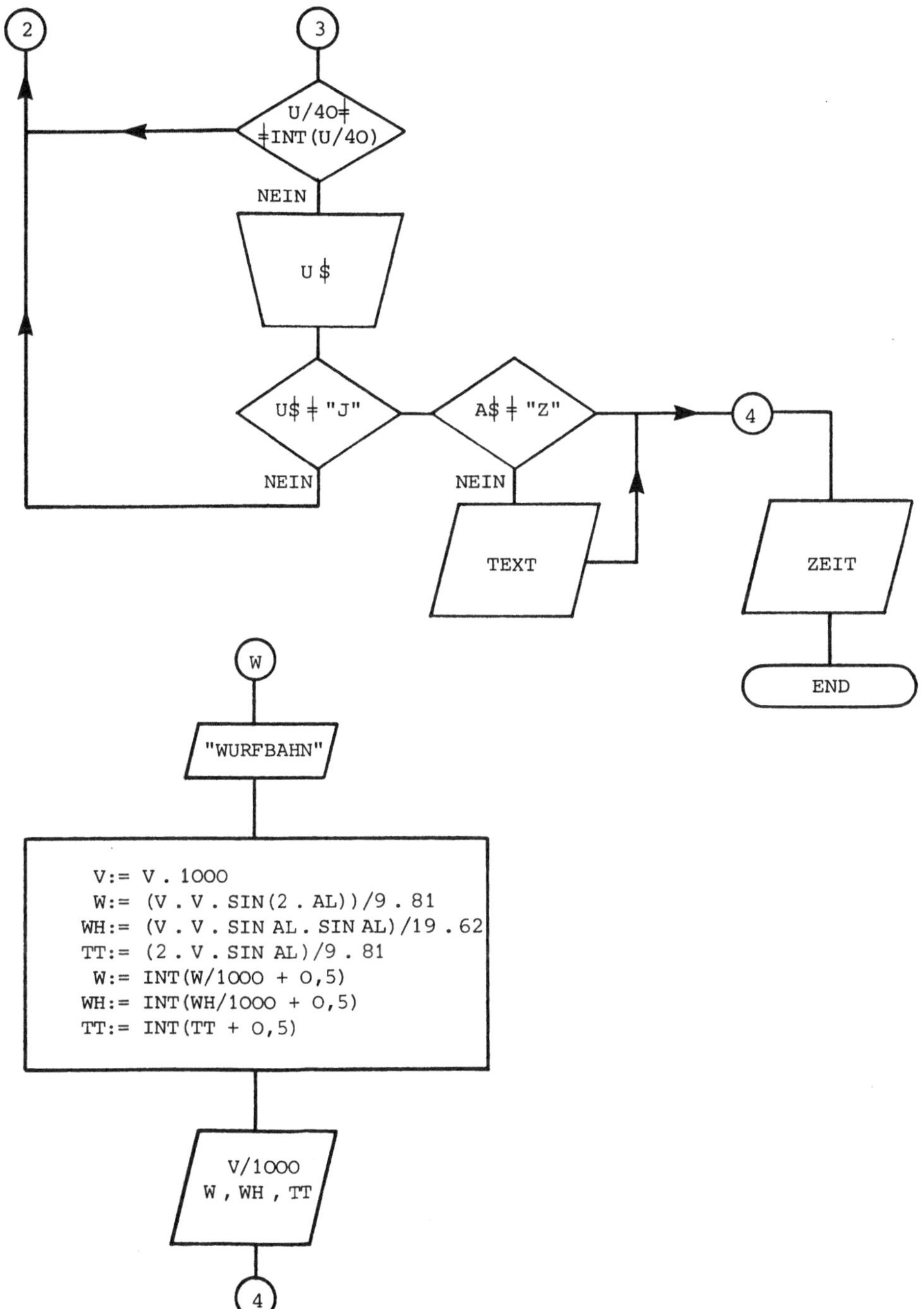

2
3
U/40≠
≠INT(U/40)
NEIN
U$
U$ ≠ "J"
NEIN
A$ ≠ "Z"
NEIN
TEXT
4
ZEIT
END
W
"WURFBAHN"
V:= V . 1000
W:= (V . V . SIN(2 . AL))/9 . 81
WH:= (V . V . SIN AL . SIN AL)/19 . 62
TT:= (2 . V . SIN AL)/9 . 81
W:= INT(W/1000 + O,5)
WH:= INT(WH/1000 + O,5)
TT:= INT(TT + O,5)
V/1000
W , WH , TT
4

SATELLITENBAHNEN

```
  5 "SATELLIT 1":GOTO 10
 10 REM            * * *

 20 REM   *** SATELLITENBAHN ***

 30 REM       *   PROGRAMM 1   *

 40 REM            * * *
 50 CLEAR :TEXT :USING :CSIZE 2:COLOR 3
 60 TIME =0
 70 WAIT 200:PRINT "SATELLITENBAHN/WURFBAHN"
 80 REM            * * *

 90 REM   * DATEN - EINGABE *

100 REM            * * *
110 INPUT "H (km) ";H
120 INPUT "ABSCHUSSGESCHW.(km/s) ? ";U
130 INPUT "ABSCHUSSWINKEL ? ";AL
140 REM            * * *

150 REM     * FALLUNTERSCHEIDUNG *

160 REM            * * *
170 IF H>0GOTO 200
180 IF U<6THEN 1000
190 IF AL=0AND U>11.2THEN LET A$="Z"
200 LPRINT "   SATELLITENBAHN"
210 LF 2:COLOR 0
220 LPRINT "     PROGRAMM 1"
230 LF 1:COLOR 3:CSIZE 1
240 INPUT "ZEITSCHRITT (z.B.100)";DT
250 WAIT 100:PRINT "     GEDULD BITTE !"
260 LPRINT "ABSCHUSSBEDINGUNGEN : "
270 LF 1:COLOR 0
280 LPRINT "HOEHE UEBER ERDE : ";H;" km"
290 LPRINT "GESCHWINDIGKEIT : ";U;" km/s"
300 LPRINT "WINKEL : ";AL;" GRAD":LF 1
310 LPRINT "ZEITSCHRITT : ";DT;" s":LF 1
320 REM            * * *

330 REM    * ANFANGSBEDINGUNGEN *

340 REM            * * *
350 R=6370000:GM=4*10^14
360 H=H*1000:RR=R+H
370 U=U*1000:UX=U*COS AL:UY=U*SIN AL
380 X=0:Y=RR
390 AX=0:AY=0
400 T=0:Z=0:U=0
410 LF 2:COLOR 1
420 LPRINT "ZEIT(s)    x (km)      y (km)     r (km)"

430 LF 2:COLOR 0
440 REM            * * *

450 REM   * BERECHNUNG / AUSDRUCK *

460 REM            * * *
470 S=SQR (X*X+Y*Y)
480 AX=-GM*X/(S*S*S)
490 AY=-GM*Y/(S*S*S)
500 UX=UX+AX*DT
510 UY=UY+AY*DT
520 T=T+DT
```

SATELLITENBAHN

PROGRAMM 1

ABSCHUSSBEDINGUNGEN :

HOEHE UEBER ERDE : 10000 km
GESCHWINDIGKEIT : 5 km/s
WINKEL : 0 GRAD

ZEITSCHRITT : 200 s

ZEIT(s)	x (km)	y (km)	r (km)
1000	4926	15475	16263
2000	9395	13149	16172
3000	12980	9587	16137
4000	15340	5120	16160
5000	16262	172	16241
6000	15684	-4793	16369
7000	13694	-9329	16534
8000	10507	-13053	16719
9000	6432	-15676	16907
10000	1829	-17018	17084
11000	-2920	-17012	17235
12000	-7445	-15690	17349
13000	-11405	-13176	17419
14000	-14509	-9671	17439
15000	-16523	-5440	17408
16000	-17289	-799	17328
17000	-16728	3901	17206
18000	-14854	8294	17048
19000	-11783	12017	16868
20000	-7731	14736	16679
21000	-3015	16184	16497
22000	1966	16192	16339
23000	6767	14720	16219
24000	10936	11875	16150
25000	14073	7911	16139
26000	15884	3200	16187
27000	16214	-1808	16288
28000	15062	-6655	16434
29000	12570	-10911	16608
30000	8994	-14230	16797
31000	4667	-16365	16982
32000	-37	-17180	17150
33000	-4741	-16648	17287
34000	-9082	-14839	17383
35000	-12737	-11908	17433
36000	-15437	-8084	17432
37000	-16976	-3652	17381
38000	-17226	1056	17283
39000	-16142	5681	17144
40000	-13778	9854	16976
41000	-10289	13220	16790
42000	-5933	15467	16602
43000	-1060	16362	16428
44000	3906	15784	16284
45000	8510	13750	16184
46000	12315	10426	16139
47000	14958	6119	16152
48000	16196	1235	16223

- - - - - - - -

DAUER DES PROGRAMMLAUFES :
7 Minuten und 21 Sekunden

```
530 X=X+UX*DT:Y=Y+UY*DT
540 IF S<(R-500)THEN 580
550 XP=X/1000:YP=Y/1000:SP=S/1000
560 Z=Z+1:U=U+1
570 IF (Z/5)<>INT (Z/5)THEN 680
580 LPRINT USING "#######";T;TAB 9;XP;
590 TAB 19:LPRINT YP;TAB 29;SP
600 Z=0
610 IF S<(R-500)THEN LF 3:GOTO 710
620 IF (U/20)=INT (U/20)THEN LF 1
630 IF (U/40)<>INT (U/40)THEN 680
640 BEEP 1,50,500
650 INPUT "TABELLE WEITER ? (J/N) ";U$
660 IF U$<>"J"THEN 690
670 U=0:WAIT 20:PRINT "    GEDULD BITTE !"
680 GOTO 470
690 LF 3
700 IF A$<>"Z"THEN 730
710 LPRINT "DER FLUGKOERPER VERLAESST DIE ERDE !"
720 LF 2
730 TAB 10:LPRINT "- - - - - - - - ":LF 3:USING
740 REM              * * *

750 REM      * PROGRAMMDAUER *

760 REM              * * *
770 A=TIME
780 A1=INT (A*100)
790 A2=10000*A-100*A1
800 LPRINT "DAUER DES PROGRAMMLAUFES :"
810 LPRINT A1;" Minuten und";A2;" Sekunden":LF 8
820 END
970 REM              * * *

980 REM       * WURFBAHN *

990 REM              * * *
1000 LPRINT "      WURFBAHN"
1010 LF 2:COLOR 0
1020 LPRINT "      PROGRAMM 1"
1030 LF 1:CSIZE 1
1040 REM             * * *

1050 REM       * BERECHNUNG *

1060 REM             * * *
1070 U=U*1000
1080 W=(U*U*SIN (2*AL))/9.81
1090 WH=(U*U*SIN AL*SIN AL)/19.62
1100 TT=(2*U*SIN AL)/9.81
1110 W=INT (W/1000+0.5):WH=INT (WH/1000+0.5)
1120 TT=INT (TT+0.5)
1130 REM             * * *

1140 REM    * DATEN - AUSDRUCK *

1150 REM             * * *
1160 LPRINT "ABSCHUSSGESCHWINDIGKEIT :";
1170 LPRINT U/1000;" km/s"
1180 LPRINT "ABSCHUSSWINKEL :";AL;" Grad"
1190 LF 1:COLOR 1
1200 LPRINT "WURFWEITE : ";W;" km"
1210 LPRINT "WURFHOEHE : ";WH;" km"
1220 LPRINT "FLUGDAUER : ";TT;" s"
1230 LF 3:COLOR 0
1240 GOTO 730
1250 END         STATUS 1 : 3185
                 STATUS 1 (OHNE REM - ZEILEN) : 1835
```

SATELLITENBAHN

PROGRAMM 1

ABSCHUSSBEDINGUNGEN :

HOEHE UEBER ERDE : 0 km
GESCHWINDIGKEIT : 12 km/s
WINKEL : 0 GRAD

ZEITSCHRITT : 100 s

ZEIT(s)	x (km)	y (km)	r (km)
500	5682	5021	7142
1000	10208	2447	9856
1500	13839	-391	13165
2000	16935	-3229	16563
2500	19694	-6006	19925
3000	22224	-8716	23221
3500	24589	-11361	26449
4000	26829	-13950	29613
4500	28972	-16487	32720
5000	31035	-18981	35775
5500	33035	-21435	38783
6000	34980	-23853	41750
6500	36878	-26240	44679
7000	38737	-28599	47575
7500	40561	-30932	50440
8000	42354	-33242	53278

DER FLUGKOERPER VERLAESST DIE ERDE !

- - - - - - - -

DAUER DES PROGRAMMLAUFES :
 5 Minuten und 2 Sekunden

WURFBAHN

PROGRAMM 1

ABSCHUSSGESCHWINDIGKEIT : 5 km/s
ABSCHUSSWINKEL : 45 Grad

WURFWEITE : 2548 km
WURFHOEHE : 637 km
FLUGDAUER : 721 s

- - - - - - - -

DAUER DES PROGRAMMLAUFES :
 0 Minuten und 45 Sekunden

SATELLITENBAHNEN

```
  5 "SATELLIT 2":GOTO 50
 10 REM              * * *

 20 REM     *** SATELLITBAHNEN ***

 30 REM        *  PROGRAMM 2  *

 40 REM              * * *
 50 CLEAR :TEXT :USING :CSIZE 2:COLOR 3
 60 TIME =0
 70 WAIT 200:PRINT "SATELLITENBAHN/WURFBAHN"
 80 REM              * * *

 90 REM     * DATEN - EINGABE *

100 REM              * * *
110 INPUT "H (km) ";H
120 INPUT "ABSCHUSSGESCHW.(km/s) ? ";U
130 INPUT "ABSCHUSSWINKEL ? ";AL
140 REM              * * *

150 REM     * FALLUNTERSCHEIDUNG *

160 REM              * * *
170 IF H>0GOTO 200
180 IF U<6THEN 1000
190 IF AL=0AND U>11.2THEN LET A$="2"
200 LPRINT "   SATELLITENBAHN"
210 LF 2:COLOR 0
220 LPRINT "     PROGRAMM 2"
230 LF 1:COLOR 3:CSIZE 1
240 INPUT "ZEITSCHRITT (z.B.100):";DT
250 WAIT 10:PRINT "     GEDULD BITTE !"
260 LPRINT "ABSCHUSSBEDINGUNGEN : "
270 LF 1:COLOR 0
280 LPRINT "HOEHE UEBER ERDE : ";H;" km"
290 LPRINT "GESCHWINDIGKEIT : ";U;" km/s"
300 LPRINT "WINKEL : ";AL;" GRAD":LF 1
310 LPRINT "ZEITSCHRITT : ";DT;" s":LF 1
320 LPRINT "  o ... START"
330 REM              * * *

340 REM     * ANFANGSBEDINGUNGEN *

350 REM              * * *
360 R=6370000:GM=4*10^14
370 H=H*1000:RR=R+H
380 U=U*1000:UX=U*COS AL:UY=U*SIN AL
390 X=0:Y=RR
400 AX=0:AY=0
410 T=0
420 XA=0:YA=RR/500000
430 XG=XA:YG=YA
440 REM              * * *

450 REM     * GRAPHIK - ERDE *

460 REM              * * *
470 GRAPH
480 GLCURSOR (110,-120):SORGN :COLOR 0
490 LINE (-100,0)-(-13,0):LINE (13,0)-(100,0)
500 LINE (0,-90)-(0,-13):LINE (0,13)-(0,90)
510 GLCURSOR (12,0)
520 FOR I=1TO 360STEP 20
530 LINE -(12.74*COS I,12.74*SIN I),0,1
540 NEXT I
```

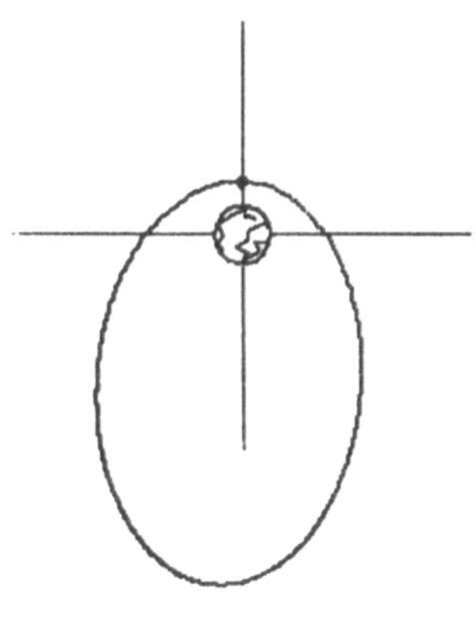

SATELLITENBAHN

PROGRAMM 2

DAUER DES PROGRAMMLAUFES :
5 Minuten und 41 Sekunden

```
550 LINE (1,11)-(1,7)-(3,8)-(6,6)
560 LINE (1,11)-(-11,4)-(-8,-1)-(-11,-4)-(-8,-7)
570 LINE (10,5)-(2,1)-(2,-3)-(-3,-5)-(2,-8)
580 LINE (2,-8)-(0,-11)-(7,-7)-(5,-3)-(11,-3)
590 GLCURSOR (-2,YA-2)
600 COLOR 0:CSIZE 1:LPRINT "o"
610 GLCURSOR (XA,YA)
620 REM              * * *

630 REM    * BERECHNUNG / GRAPHIK *

640 REM              * * *
650 S=SQR (X*X+Y*Y)
660 AX=-GM*X/(S*S*S)
670 AY=-GM*Y/(S*S*S)
680 UX=UX+AX*DT
690 UY=UY+AY*DT
700 T=T+DT
710 X=X+UX*DT:Y=Y+UY*DT
720 XG=X/500000:YG=Y/500000
730 LINE -(XG,YG),0,2
740 IF S<(R-5000)THEN 810
750 IF YG>200THEN 810
760 IF YG<-350THEN 810
770 IF XG>110THEN 810
780 IF XG<-110THEN 810
790 IF ABS (XG-XA)<1AND ABS (YG-YA)<1THEN 810
800 GOTO 650
810 GLCURSOR (-110,-200)
820 TEXT :CSIZE 1:USING
830 IF A$<>"Z"THEN 850
840 LPRINT "DER FLUGKOERPER VERLAESST DIE ERDE !"

850 LF 2:COLOR 0
860 TAB 10:LPRINT "- - - - - - - -":LF 3
870 REM              * * *

880 REM    * PROGRAMMDAUER *

890 REM              * * *
900 A=TIME
910 A1=INT (A*100)
920 A2=10000*A-100*A1
930 LPRINT "DAUER DES PROGRAMMLAUFES :"
940 LPRINT A1;" Minuten und ";A2;" Sekunden"
950 LF 8
960 END
970 REM              * * *

980 REM    * WURFBAHN *

990 REM              * * *
1000 LPRINT "      WURFBAHN"
1010 LF 1:COLOR 0
1020 LPRINT "      PROGRAMM 2"
1030 LF 1:CSIZE 1
1040 REM              * * *

1050 REM    * KOORDINATENSYSTEM *

1060 REM              * * *
1070 IF V<=0.19LET L=40:LET K=2
1080 IF V<=0.375AND V>0.19LET L=80:LET K=2
1090 IF V<=0.75AND V>0.375LET L=300:LET K=5
1100 IF V<=1.5AND V>0.75LET L=1250:LET K=10
1110 IF V<=3AND V>1.5LET L=5000:LET K=20
1120 IF V>3LET L=20000:LET K=40
```

SATELLITENBAHN

PROGRAMM 2

ABSCHUSSBEDINGUNGEN :

HOEHE UEBER ERDE : 0 km
GESCHWINDIGKEIT : 12 km/s
WINKEL : 0 GRAD

ZEITSCHRITT : 100 s

o ... START

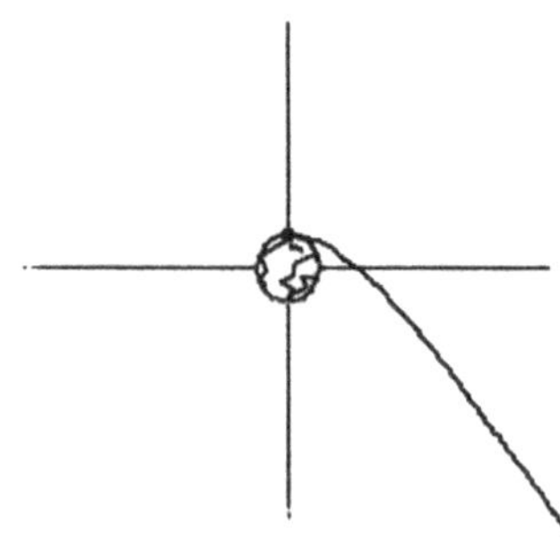

DER FLUGKOERPER VERLAESST DIE ERDE !

. - - - - - -

DAUER DES PROGRAMMLAUFES :
2 Minuten und 30 Sekunden

ABSCHUSSBEDINGUNGEN :

HOEHE UEBER ERDE : 10000 km
GESCHWINDIGKEIT : 5 km/s
WINKEL : 0 GRAD

ZEITSCHRITT : 200 s

o ... START

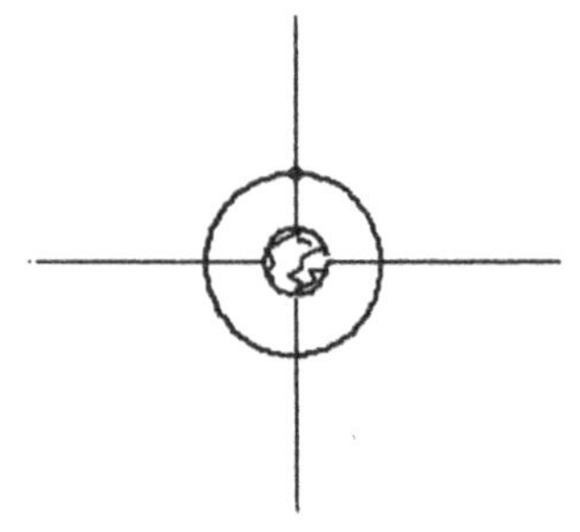

```
1130 REM            * * *

1140 REM       * BERECHNUNG *
1150 REM            * * *
1160 V=V*1000
1170 W=(V*V*SIN (2*AL))/9.81
1180 WH=(V*V*SIN AL*SIN AL)/19.62
1190 TT=(2*V*SIN AL)/9.81
1200 W=INT (W/1000+0.5):WH=INT (WH/1000+0.5)
1210 TT=INT (10*TT+0.5)/10
1220 REM            * * *

1230 REM    * DATEN - AUSDRUCK *

1240 REM            * * *
1250 LPRINT "ABSCHUSSGESCHWINDIGKEIT :";
1260 LPRINT V/1000;" km/s"
1270 LPRINT "ABSCHUSSWINKEL :";AL;" Grad":LF 1
1280 COLOR 1:LPRINT "WURFWEITE : ";W;" km"
1290 LPRINT "WURFHOEHE : ";WH;" km"
1300 LPRINT "FLUGDAUER :";TT;" s"
1310 PAUSE "      GEDULD BITTE !"
1320 REM            * * *

1330 REM         * GRAPHIK *

1340 REM            * * *
1350 GRAPH
1360 GLCURSOR (30,-120):SORGN
1370 FOR T=0TO TTSTEP K
1380 X=V*COS AL*T
1390 Y=V*SIN AL*T-4.95*T*T
1400 X=X/L:Y=Y/L
1410 LINE -(X,Y),0,2
1420 NEXT T
1430 GLCURSOR (-30,0)
1440 FOR I=1TO 22
1450 RLINE -(6,-3)-(-6,3)-(10,0),0,0
1460 NEXT I
1470 LINE (-30,-4)-(220,-4)
1480 GLCURSOR (-1,-1):COLOR 0
1490 CSIZE 1:LPRINT "o"
1500 LINE (-2,-2)-(-2,108),0,3
1510 FOR I=20TO 80STEP 20
1520 LINE (-7,I)-(0,I)
1530 NEXT I
1540 LINE (-10,50)-(0,50)
1550 LINE (-10,100)-(0,100)
1560 GLCURSOR (-33,42)
1570 LPRINT L/20
1580 GLCURSOR (-33,92)
1590 LPRINT L/10
1600 GLCURSOR (-20,110)
1610 LPRINT "km"
1620 FOR I=0TO 180STEP 20
1630 IF I=100THEN LINE (100,-4)-(100,-17)
1640 LINE (I,-4)-(I,-11)
1650 NEXT I
1660 GLCURSOR (86,-26)
1670 LPRINT L/10
1680 GLCURSOR (175,-26)
1690 LPRINT "km"
1700 TEXT :LF 3:COLOR 0:CSIZE 1:USING
1710 GOTO 860
1720 END


     STATUS 1 : 4737
     STATUS 1 (OHNE REM - ZEILEN) : 3134
```

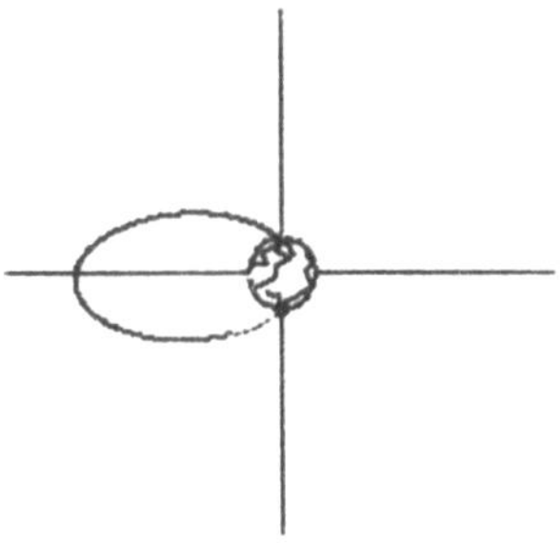

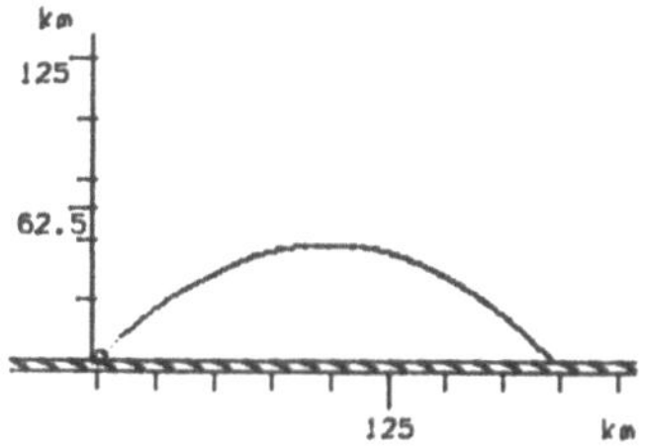

Siehe Farbanhang 3

8. LISSAJOUS-FIGUREN

PROBLEMSTELLUNG

Zwei aufeinander normale Sinusschwingungen mit beliebigem Frequenzverhältnis und beliebiger Phasenverschiebung werden überlagert. Die resultierende Schwingung wird graphisch dargestellt.

PHYSIKALISCHE GRUNDLAGEN - PROGRAMMAUFBAU

Werden zwei aufeinander normale harmonische Schwingungen überlagert, so entsteht eine Lissajous-Figur, wenn das Frequenzverhältnis rational ist. Haben die beiden Teilschwingungen die gleiche Frequenz, so ergibt sich bei der Phasenverschiebung $0°$ oder $\pm 180°$ eine linear polarisierte Schwingung.
Stimmen Frequenz und Amplitude der beiden Schwingungen überein, so wird die elliptische Schwingung zu einer kreisförmigen Schwingung (Phasenwinkel $90°$ oder $270°$).
Die resultierende Schwingung läßt sich in ein Quadrat, dessen Seitenlänge der doppelten Amplitude entspricht, einschreiben.
Die Gleichungen für die beiden Teilschwingungen lauten:

$$x = A \cdot \sin(\omega \cdot t)$$
$$y = A \cdot \sin(k \cdot \omega \cdot t + \phi)$$

A .. Amplitude
ω .. Frequenz
k .. Frequenzverhältnis
ϕ .. Phasenwinkel

Haben beide Schwingungen gleiche Amplitude, so kann der Lissajous-Figur ein Quadrat umschrieben werden. Die vertikale Schwingung berührt die horizontale Tangente bei jeder Periode einmal.
Die Anzahl der Berührungspunkte entspricht der Periodenzahl, die die Schwingung bei einem Durchlauf der Figur ausgeführt hat.
Die Anzahl der Berührungspunkte an der vertikalen Tangente entspricht der Periodenzahl, die die horizontale Schwingung während derselben Zeit ausgeführt hat.

Für dieses Programmthema erscheint nur ein Programm für Plotter- bzw. Bildschirmbetrieb sinnvoll.

HINWEISE ZUR PROGRAMMGESTALTUNG

PROGRAMM 1

Eingegeben werden die beiden Frequenzen O1 und O2, sowie der
Phasenwinkel P. Die graphische Auflösung wird durch die Variable
G bestimmt und kann ebenfalls gewählt werden. Das Frequenzverhältnis O2/O1 wird k genannt. Die Amplitude der Schwingungen
wird 90 Einheiten groß gezeichnet, die Quardatseite ist 180 Einheiten lang.
Zur Darstellung des Quadrates (430) gibt man Anfangs- und Endpunkt der Diagonale an und fügt an den LINE-Befehl nach Strichart und Farbe noch den Buchstaben "B" an.
Die Schleife reicht von T = ϕ bis T = 36ϕ. O1 mit der Schrittweite G. Die kleinere Frequenz O1 bestimmt die Länge der Periode
und zwar tritt nach O1 Schwingungen wieder der Ausgangszustand
ein.

PROGRAMM 2

Für die eingegebenen Frequenzen O1 und O2 werden die entsprechenden Lissajous-Figuren für die Phasenwinkel $0°$, $45°$, $90°$, $135°$
und $180°$ gezeichnet. Dies geschieht im Unterprogramm ab 500.

Die Amplitude der Schwingungen wird 65 Einheiten groß dargestellt, die Quadratseite ist doppelt so groß.

PROGRAMM 1

START
"LISSAJOUS-FIGUREN" TEXT
BEEP
O1, O2 P
O1, O2, P
BEEP
DISPLAY
"GRAPH. AUFLOESUNG" G
DISPLAY
G:= INT G
K:= O2/O1
1

1
GRAPH GLC. ...
A:=90.SINP
GLC.(Φ/A)
T=Φ,36Φ.O1 STEP G
X:=90.SIN T
Y:=90.SIN(K.T+P)
LINE -(X,Y)
LINE ...
END

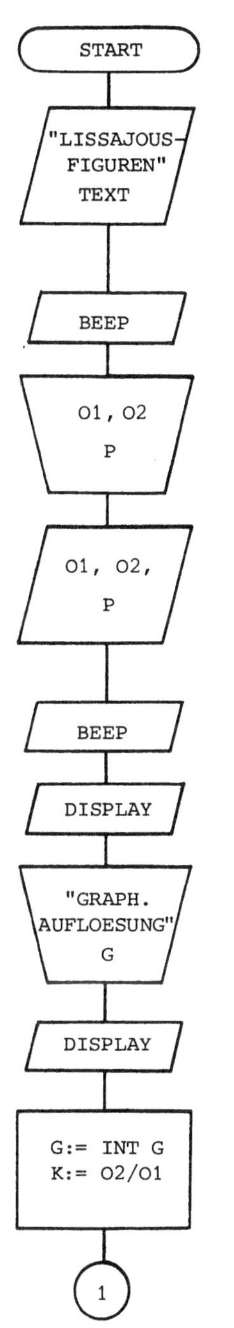

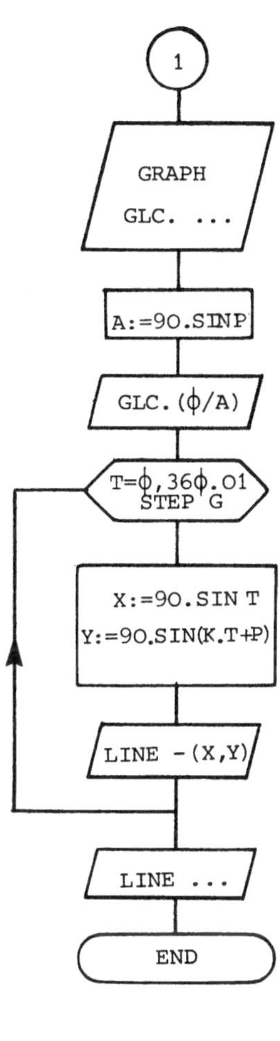

LISSAJOUS — FIGUREN

```
  5 "LISSA 1":GOTO 50
 10 REM           * * *

 20 REM    * LISSAJOUS - FIGUREN *

 30 REM          * PROGRAMM 1 *

 40 REM           * * *
 50 CLEAR :TIME =0:COLOR 3:CSIZE 2
 60 LPRINT " LISSAJOUS-FIGUREN"
 70 LPRINT " ------------------":LF 1:COLOR 0
 80 LPRINT "     PROGRAMM 1"
 90 LF 1:CSIZE 1:COLOR 2
100 LPRINT "UEBERLAGERUNG DER 2 SCHWINGUNGEN :"
110 LF 1
120 LPRINT "   x = A . sin ( w . t )":LF 1
130 LPRINT "   y = A . sin ( k . w . t + Phi )"
140 LF 3:COLOR 0
150 BEEP 1,50,500:BEEP 2,70,400:BEEP 1,90,300
160 INPUT "OMEGA 1 <10, GANZZ. ? ";O1
170 INPUT "OMEGA 2 <100, GANZZ. ? ";O2
180 INPUT "PHASENWINKEL ? ";P
190 LPRINT "FREQUENZVERHAELTNIS : ";
200 LPRINT USING "###";O1;"  :";O2:LF 1
210 TAB 10:LPRINT "Phi =";
220 LPRINT USING "####";P;
230 LPRINT " Grad"
240 BEEP 1,50,500:BEEP 2,70,400:BEEP 1,90,300
250 WAIT 150:PRINT "DIE GRAPHISCHE AUFLOESUNG"
260 WAIT 150:PRINT "WIRD DURCH G FESTGELEGT"
270 WAIT 150:PRINT "G : 1 - 20;     1...MAX."
280 INPUT "AUFLOESUNG G = ? ";G
290 WAIT 1:PRINT "     GEDULD BITTE !"
300 G=INT G:K=O2/O1
310 REM           * * *

320 REM    * ZEICHNEN DER KURVEN *

330 REM            * * *
340 GRAPH
350 GLCURSOR (110,-150):SORGN
360 A=90*SIN P
370 GLCURSOR (0,A)
380 FOR T=0TO 360*O1STEP G
390 X=90*SIN T
400 Y=90*SIN (K*T+P)
410 LINE -(X,Y),0,2
420 NEXT T
430 LINE (-90,-90)-(90,90),0,3,B
440 REM           * * *

450 REM   * PROGRAMMDAUER *

460 REM           * * *
470 TEXT :COLOR 0:CSIZE 1:LF 6:USING
480 TAB 10:LPRINT "- - - - - - - -":LF 3
490 A=TIME :A1=INT (A*100):A2=10000*A-100*A1
500 LPRINT "DAUER DES PROGRAMMLAUFES :"
510 LPRINT A1;" Minuten und";A2;" Sekunden"
520 LF 8
530 END


     STATUS 1 : 1551
     STATUS 1 (OHNE REM - ZEILEN) : 1061
```

LISSAJOUS-FIGUREN

PROGRAMM 1

UEBERLAGERUNG DER 2 SCHWINGUNGEN :

$\quad x = A . \sin (w . t)$

$\quad y = A . \sin (k . w . t + phi)$

FREQUENZVERHAELTNIS :   2 : 3

$\quad phi = 90$ Grad

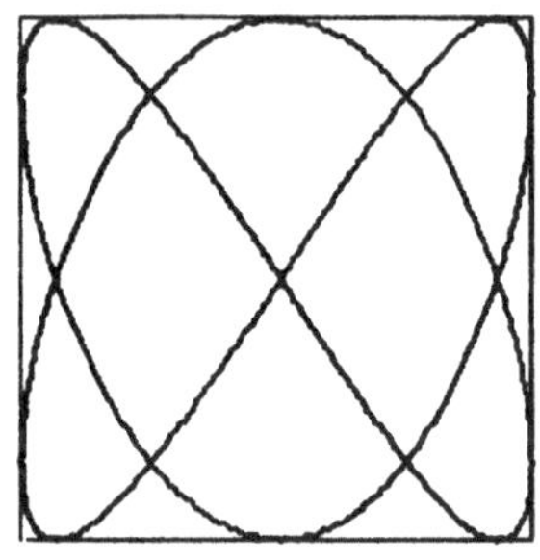

- - - - - - - -

DAUER DES PROGRAMMLAUFES :
6 Minuten und 40 Sekunden

LISSAJOUS - FIGUREN

```
  5 "LISSA 2":GOTO 50
 10 REM          * * *

 20 REM   * LISSAJOUS - FIGUREN *

 30 REM        * PROGRAMM 2 *
 40 REM          * * *
 50 CLEAR :TIME =0:COLOR 3:CSIZE 2:USING
 60 LPRINT " LISSAJOUS-FIGUREN"
 70 LPRINT " -----------------":LF 1:COLOR 0
 80 LPRINT "    PROGRAMM 2"
 90 LF 1:CSIZE 1:COLOR 2
100 LPRINT "UEBERLAGERUNG DER 2 SCHWINGUNGEN :"
110 BEEP 1,50,500:BEEP 2,70,400:BEEP 1,90,300
120 INPUT "OMEGA 1 <10, GANZZ. ? ";O1
130 INPUT "OMEGA 2 <100, GANZZ. ? ";O2
140 WAIT 10:PRINT "       GEDULD BITTE !":LF 1
150 LPRINT "   x = A . sin ( ";O1;" . t )":LF 1
160 LPRINT "   y = A . sin ( ";O2;" . t + Phi )"
170 LF 4:COLOR 0
180 LPRINT "FREQUENZVERHAELTNIS : ";
190 LPRINT USING "###";O1;"  :";O2
200 K=O2/O1
210 GRAPH
220 GLCURSOR (140,-100):SORGN :P=0:GOSUB 500
230 GLCURSOR (0,-155):SORGN :P=45:GOSUB 500
240 GLCURSOR (0,-155):SORGN :P=90:GOSUB 500
250 GLCURSOR (0,-155):SORGN :P=135:GOSUB 500
260 GLCURSOR (0,-155):SORGN :P=180:GOSUB 500
270 REM          * * *

280 REM   * PROGRAMMDAUER *

290 REM          * * *
300 TEXT :COLOR 0:CSIZE 1:LF 10
310 TAB 10:LPRINT "- - - - - - - - -":LF 3
320 A=TIME :A1=INT (A*100):A2=10000*A-100*A1
330 LPRINT "DAUER DES PROGRAMMLAUFES :"
340 LPRINT A1;" Minuten  und";A2;" Sekunden":LF 8
350 END
460 REM          * * *

470 REM      * UNTERPROGRAMM *
480 REM   * ZEICHNEN DER KURVEN *
490 REM          * * *
500 A=65*SIN P
510 GLCURSOR (0,A)
520 FOR T=OTO 360*O1STEP 3
530 X=65*SIN T
540 Y=65*SIN (K*T+P)
550 LINE -(X,Y),0,2
560 NEXT T
570 LINE (-65,-65)-(65,65),0,3,B:COLOR 0:CSIZE 1
580 GLCURSOR (-130,15):LPRINT "Phi  :  "
590 GLCURSOR (-135,-15)
600 LPRINT USING "####";P;" Grod"
610 RETURN
620 END
```

STATUS 1 : 1565
STATUS 1 (OHNE REM - ZEILEN) : 1013

LISSAJOUS-FIGUREN

PROGRAMM 2

UEBERLAGERUNG DER 2 SCHWINGUNGEN :

x = A . sin (1 . t)

y = A . sin (3 . t + phi)

FREQUENZVERHAELTNIS : 1 : 3

phi :

0 Grad

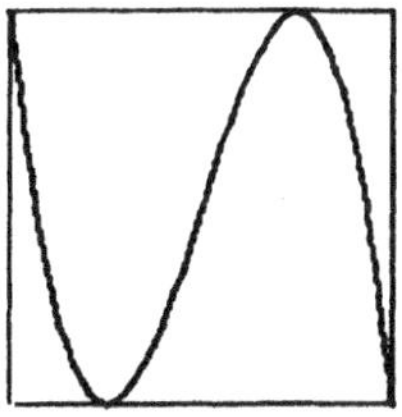

phi :

45 Grad

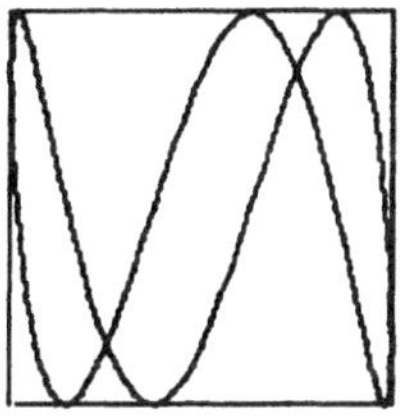

phi :

90 Grad

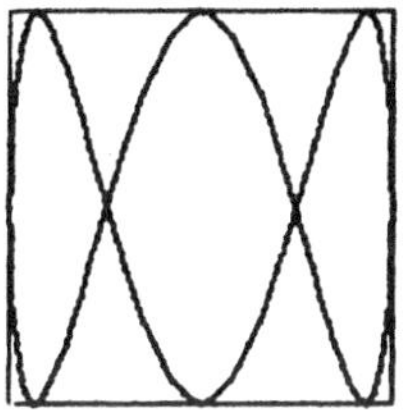

phi :

135 Grad

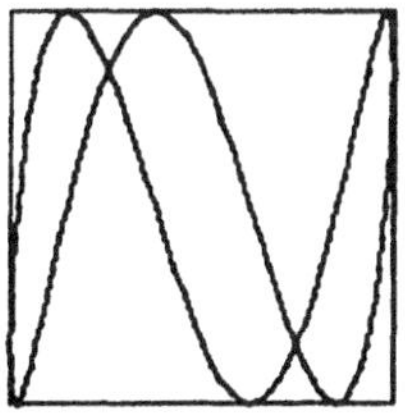

phi :

180 Grad

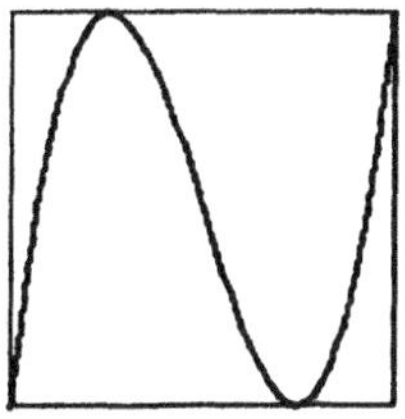

9. AMPLITUDENMODULATION

PROBLEMSTELLUNG

Treten eine niederfrequente Schwingung und eine höherfrequente
Schwingung in Wechselwirkung, so kann die hochfrequente Schwingung entweder zur niederfrequenten addiert werden oder durch sie
moduliert werden. Bei der Amplitudenmodulation bilden sich neben
der Trägerfrequenz zwei Seitenbänder, die jeweils die ganze Information enthalten.
In der Rundfunktechnik wird so eine Information aus dem NF-Be-
reich in den HF-Bereich verschoben. Da die Hüllkurve der HF-
Spannung ein Abbild des NF-Signals ist, wird bei der Demodulation vorerst eine Halbschwingung der HF-Spannung unterdrückt und
dann die Hochfrequenz ausgesiebt, die Hüllkurve bleibt jedoch
erhalten.

PHYSIKALISCHE GRUNDLAGEN - PROGRAMMAUFBAU

Bei der Addition von sinusförmigen Schwingungen wird zur Elongation der niederfrequenten Schwingung $y_1 = N \cdot \sin(\omega_1 \cdot t)$ jeweils
die Elongation der hochfrequenten Schwingung $y_2 = H \cdot \sin(\omega_2 \cdot t)$
addiert (740 - 790).
Bei der Amplitudenmodulation wird zur Amplitude H der hochfrequenten Schwingung $y_2 = H \cdot \sin(\omega_2 \cdot t)$ die Elongation der niederfrequenten Schwingung $y_1 = N \cdot \sin(\omega_1 \cdot t)$ addiert, sodaß sich
eine modulierte Schwingung $y = (H + y_1) \cdot \sin(\omega_2 \cdot t)$ ergibt
(1020 - 1070).
Die Amplitudenmodulation wird z.B. in der Rundfunktechnik im
Lang-, Mittel- und Kurzwellenbereich, in der Fernsehtechnik zur
Übertragung des Bildsignals und in der Trägerfrequenztechnik an-
gewendet. Dabei wird die Amplitude der hochfrequenten Trägerschwingung durch die niederfrequente Signalschwingung geändert.
Die Frequenz der Trägerschwingung bleibt unverändert.

Der Modulationsgrad ist das Verhältnis der Amplitude der Signalschwingung zur Amplitude der unmodulierten Trägerschwingung und
muß immer kleiner als 100 % sein (1980). Bei Rundfunksendern beträgt er bei größter Signalspannung (Lautstärke) höchstens 80 %,
bei mittlerer Signalspannung etwa 30 %.

Die AM-Demodulation wird durch Hüllkurvengleichrichtung durchgeführt (1330 - 1500; 1540 - 1720; 1760 - 1930). Die in der Praxis anschließende Siebung des Hochfrequenzanteils unterbleibt in diesem Programm. Durch die zweite strichliert gezeichnete Linie (1480; 1700; 1910) soll nur angedeutet werden, daß das obere Seitenband ein Abbild der NF-Signalspannung ist.

HINWEISE ZUR PROGRAMMGESTALTUNG

Die Kreisfrequenz ω_1 der niederfrequenten Schwingung wird durch WN, ω_2 der hochfrequenten Schwingung durch WH ausgedrückt. Die Begrenzung der HF-Amplitude (≤ 80) sowie die der HF-Frequenz (< 45) haben keine programmtechnische Bedeutung, sondern beziehen sich vielmehr auf die Gestaltung des Ausdrucks. Für die Darstellung der Dreieck- und Rechteckspannung muß die HF-Frequenz jedoch Teiler von 180 sein (250, 260). Das gleiche gilt für die Frequenz WN der Signalspannung (350, 360). Um den Modulationsgrad von 80 % nicht zu überschreiten, wird die maximale Amplitude der Signalspannung als Empfehlung vor der Eingabe im Display angezeigt (320).

Da die Darstellung der Signalspannungen öfters benötigt wird, werden sie über die Unterprogramme abgerufen (2500, 3000, 3500). Die Phasenlage der Seitenbänder wird durch die Variablen (F .. Sinus, VD .. Dreieck, V .. Rechteck) ausgedrückt. Die Periodendauer einer Schwingung beträgt 360 Einheiten. Da der Plotter jedoch nur max. 220 Einheiten auf der Abszisse zeichnen kann, wird in allen Fällen $\frac{T}{2}$ anstelle von T aufgetragen.

Die Darstellung der Dreiecksfunktion sowie der Rechtecksfunktion erfolgt nicht nach den Gesetzen der Fourieranalyse, sondern elementar mit Hilfe der Geradengleichung, wodurch eine schönere Graphik erzielt wird.

Für die Dreieckfunktion gelten folgende Überlegungen:

Unterteilung in 3 Bereiche:
$0 - 90^{\circ}$, $90 - 270^{\circ}$, $270 - 360^{\circ}$
Steigung der Geraden: $\pm N/90$ (410)
Bereich 1: $0 \leq T \leq 90$: $Y = K \cdot T$
Bereich 2: $90 < T \leq 270$: $Y = -K \cdot T + 2 \cdot N$
Bereich 3: $270 < T \leq 360$: $Y = K \cdot T - 4 \cdot N$
Diese einfache Form gilt nur für die Frequenz $\omega_1 = 1$ (WN = 1)

Für die Frequenz WN gilt für den ersten Bereich

YD = K . WN + (T - U) . VD, wobei U = 360 . G/WN ist.

Die Variable G nimmt ganzzahlige Werte zwischen O und WN - 1 an. VD bestimmt die Phasenlage der Dreieckspannung und kann die Werte ± 1 annehmen.

Entsprechend der Frequenz WN werden die Intervallgrenzen geändert; z.B. wird 90 zu 90/WN + U. Für die beiden weiteren Bereiche gelten die Formeln

$$YD = - YD + 2 . N . VD \qquad\qquad YD = YD - 4 . N . VD$$

Für die Rechteckspannung gibt es zwei Teilbereiche.

Bereich 1: O ≤ T < 180   Die Y-Koordinate hat den konstanten
            Wert N . V; die Variable V bestimmt die Phasenlage
            der Spannung und kann die Werte ± 1 annehmen.

Für T = 180 wird die strichlierte Linie zum Y-Wert - N . V gezogen.

Bereich 2: 180 < T < 360   Die Y-Koordinate hat den konstan-
            ten Wert - N . V.

Für T = 360 wird die strichlierte Linie zum Y-Wert N . V gezogen.

Entsprechend der Frequenz WN werden die Intervallgrenzen geändert; z.B. wird 180 zu 180/WN + U   U = 360 . G/WN

Die Modulation durch die Dreieck- bzw. Rechteckspannung erfolgt in den Abschnitten 1130 bis 1180 bzw. 1220 bis 1290.

Für die Darstellung der demodulierten Schwingung muß die modulierte Schwingung berechnet und dann erst das Zeichnen der negativen Halbperioden unterdrückt werden. Die positiven Halbperioden liegen zwischen den Grenzen A und B und werden durch die Frequenz der Trägerschwingung WH festgelegt (1370, 1380; 1550, 1560; 1770, 1780).

Durch die Variable I werden nach dem Durchlaufen der ersten Periode die Grenzen A und B neu festgelegt.

Der Modulationsgrad M wird in Prozenten ausgedrückt und auf Zehntel gerundet (1980).

AMPLITUDENMODULATION

```
   5 "MODUL":GOTO 40
  10 REM              * * *

  20 REM   * AMPLITUDENMODULATION *

  30 REM              * * *
  40 CLEAR :TEXT :USING :CSIZE 2:COLOR 3
  50 TIME =0
  60 TAB 4:LPRINT "AMPLITUDEN-"
  70 TAB 4:LPRINT "MODULATION"
  80 LF 2:CSIZE 1:COLOR 2
  90 LPRINT "MIT DIESEM PROGRAMM SOLL EINERSEITS"
 100 LPRINT "DER UNTERSCHIED ZWISCHEN"
 110 COLOR 3:TAB 2
 120 LPRINT "ADDITION UND AMPLITUDENMODULATION"
 130 COLOR 2
 140 LPRINT "ANDERERSEITS DAS"
 150 COLOR 3:TAB 6
 160 LPRINT "PRINZIP DER DEMODULATION":COLOR 2
 170 LPRINT "GEZEIGT WERDEN !":LF 1
 180 LPRINT "DIE SIGNALSPANNUNG IST JEWEILS EINE"
 190 LPRINT "SINUS - ,DREIECK - , UND"
 200 LPRINT "RECHTECKSPANNUNG GLEICHER FREQUENZ"
 210 LPRINT "UND GLEICHER AMPLITUDE.":LF 3:COLOR 0
 220 BEEP 1,50,500:BEEP 2,70,400:BEEP 1,90,300
 230 INPUT "AMPLITUDE HF  <=80 : ? ";H:H=INT H
 240 INPUT "HF - FREQUENZ  <=45 : ? ";WH
 250 W3=INT (180/WH):W4=180/WH
 260 IF WH>45OR W3<>W4GOTO 280
 270 GOTO 310
 280 BEEP 1,50,500:BEEP 2,70,400:BEEP 1,90,300
 290 WAIT 150:PRINT "  HF - FREQUENZ AENDERN !"
 300 GOTO 240
 310 NN=0.8*H
 320 WAIT 200:PRINT "AMPLITUDE NF  <=";NN
 330 INPUT "AMPLITUDE NF  : ? ";N:N=INT N
 340 INPUT "NF - FREQUENZ  <=6 : ? ";WN
 350 W1=INT (180/WN):W2=180/WN
 360 IF WN>6OR W1<>W2GOTO 380
 370 GOTO 410
 380 BEEP 1,50,500:BEEP 2,70,400:BEEP 1,90,300
 390 WAIT 150:PRINT "  NF - FREQUENZ AENDERN !"
 400 GOTO 340
 410 K=N/90
 420 WAIT 1:PRINT "      GEDULD BITTE !"
 430 REM              * * *

 440 REM    * SIGNALFREQUENZ *

 450 REM              * * *
 460 LPRINT "    S I G N A L F R E Q U E N Z":LF 1
 470 LPRINT "    w =";WN;"      Us =";N
 480 GRAPH :GLCURSOR (20,-N-30):SORGN :CSIZE 1
 490 F=0:GOSUB 2500
 500 GLCURSOR (0,-2*N-15):SORGN
 510 VD=1:GOSUB 3000
 520 GLCURSOR (0,-2*N-15):SORGN
 530 V=1:GLCURSOR (0,N):GOSUB 3500
 540 REM              * * *

 550 REM    * TRAEGERFREQUENZ *

 560 REM              * * *
 570 GLCURSOR (-10,-N-40):SORGN :COLOR 0
 580 LPRINT "  T R A E G E R F R E Q U E N Z"
```


MIT DIESEM PROGRAMM SOLL EINERSEITS DER UNTERSCHIED ZWISCHEN ADDITION UND AMPLITUDENMODULATION ANDERERSEITS DAS PRINZIP DER DEMODULATION GEZEIGT WERDEN !

DIE SIGNALSPANNUNG IST JEWEILS EINE SINUS - , DREIECK - , UND RECHTECKSPANNUNG GLEICHER FREQUENZ UND GLEICHER AMPLITUDE.

S I G N A L F R E Q U E N Z

w = 1.5   Us = 20

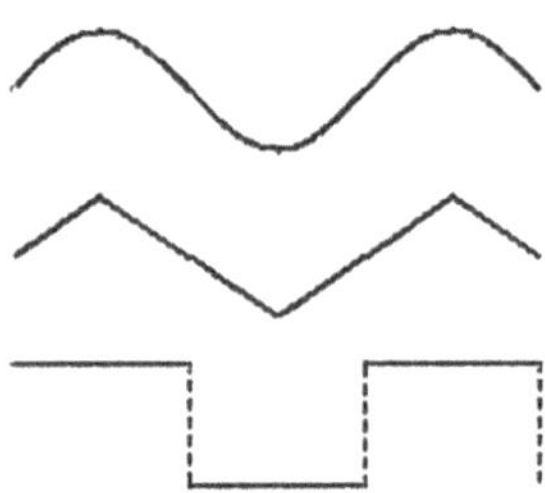

T R A E G E R F R E Q U E N Z

w = 10   Ut = 50

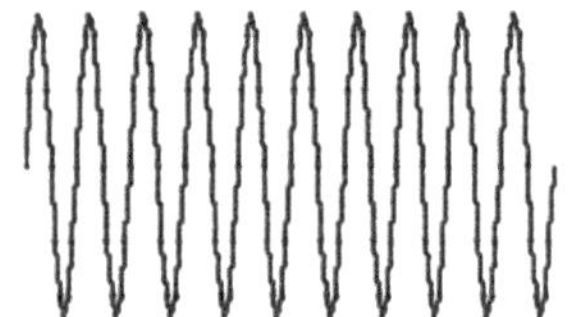

```
590 GLCURSOR (0,-20)
600 LPRINT "  w =";WH;"       Ut =";H
610 GLCURSOR (0,-H-40):SORGN :COLOR 0
620 GLCURSOR (0,0)
630 FOR T=0TO 360STEP 3
640 YH=H*SIN (WH*T)
650 LINE -(T/2,YH),0,0
660 NEXT T
670 REM           * * *

680 REM     * ADDITION SINUS *

690 REM           * * *
700 GLCURSOR (0,-H-40):SORGN
710 LPRINT "        A D D I T I O N"
720 GLCURSOR (0,-H-N-20):SORGN
730 GLCURSOR (0,0)
740 FOR T=0TO 360STEP 3
750 YH=H*SIN (WH*T)
760 YN=N*SIN (WN*T)
770 YU=YH+YN
780 LINE -(T/2,YU),0,2
790 NEXT T
800 GLCURSOR (0,0)
810 GOSUB 2500
820 REM           * * *

830 REM   * ADDITION DREIECK *

840 REM           * * *
850 GLCURSOR (0,-2*(N+H)):SORGN
860 Z=2:GOSUB 4500
870 GLCURSOR (0,0):GOSUB 3000
880 REM           * * *

890 REM   * ADDITION RECHTECK *

900 REM           * * *
910 GLCURSOR (0,-2*(H+N)):SORGN
920 Z=2:U=1:GOSUB 5000
930 GLCURSOR (0,0):GOSUB 3500
940 REM           * * *

950 REM    * MODULATION SINUS *

960 REM           * * *
970 GLCURSOR (0,-H-N-30):SORGN
980 COLOR 0
990 LPRINT "      M O D U L A T I O N"
1000 GLCURSOR (0,-(H+N)-30):SORGN
1010 GLCURSOR (0,0)
1020 FOR T=0TO 360
1030 YH=H*SIN (WH*T)
1040 YN=N*SIN (WN*T)
1050 YM=(H+YN)*SIN (WH*T)
1060 LINE -(T/2,YM),0,1
1070 NEXT T
1080 GLCURSOR (0,H):SORGN
1090 GOSUB 2500
1100 REM           * * *

1110 REM   * MODULATION DREIECK *

1120 REM           * * *
1130 GLCURSOR (0,-2*H):SORGN
1140 P=180:GOSUB 2500
1150 GLCURSOR (0,-H-2*N-15):SORGN
1160 Z=1:GOSUB 4500
1170 GLCURSOR (0,H):SORGN
1180 UD=1:GOSUB 3000
```

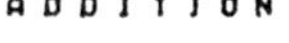

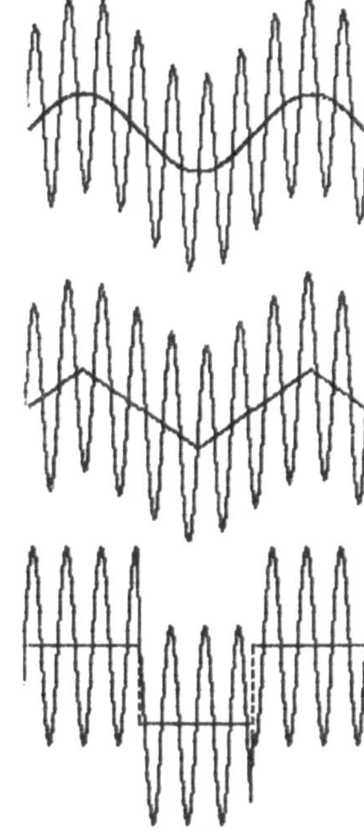

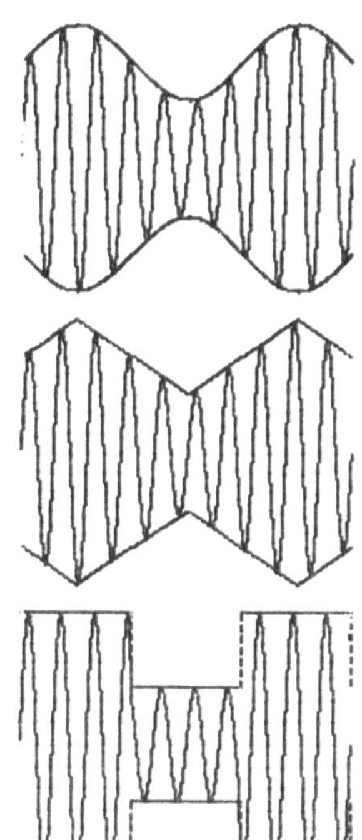

```
1190 REM              * * *

1200 REM    * MODULATION RECHTECK *

1210 REM              * * *
1220 GLCURSOR (0,-2*H):SORGN
1230 VD=-1:GOSUB 3000
1240 GLCURSOR (0,-H-2*N-15):SORGN
1250 Z=1:GOSUB 5000
1260 GLCURSOR (0,H):SORGN
1270 V=1:GOSUB 3500
1280 GLCURSOR (0,-2*H):SORGN
1290 V=-1:GOSUB 3500
1300 REM              * * *

1310 REM   * DEMODULATION SINUS *

1320 REM              * * *
1330 GLCURSOR (0,-(H+N)):SORGN :COLOR 0
1340 LPRINT "  D E M O D U L A T I O N"
1350 GLCURSOR (0,-(H+N)-30):SORGN
1360 GLCURSOR (0,0)
1370 C=180/WH:I=1
1380 A=(I-1)*C:B=I*C
1390 GLCURSOR (A/2,0)
1400 FOR T=ATO B
1410 YN=N*SIN (WN*T)
1420 YM=(H+YN)*SIN (WH*T)
1430 IF B>=360GOTO 1470
1440 LINE -(T/2,YM),0,1
1450 NEXT T
1460 I=I+2:GOTO 1380
1470 LINE (-20,0)-(190,0),1,2
1480 LINE (-20,H-N-1)-(190,H-N-1)
1490 GLCURSOR (0,H):SORGN
1500 F=0:GOSUB 2500
1510 REM              * * *

1520 REM   * DEMODULATION DREIECK *

1530 REM              * * *
1540 GLCURSOR (0,-(2*H+N)-15):SORGN
1550 C=180/WH:I=1:G=0
1560 A=(I-1)*C:B=I*C
1570 GLCURSOR (A/2,0)
1580 FOR T=ATO B
1590 U=360*G/WN
1600 YD=K*WN*(T-U)
1610 IF T>90/WN+UAND T<=270/WN+ULET YD=-YD+2*N
1620 IF T>270/WN+ULET YD=YD-4*N
1630 IF T=360/WN+ULET G=G+1
1640 YM=(H+YD)*SIN (WH*T)
1650 IF B>=360GOTO 1690
1660 LINE -(T/2,YM),0,1
1670 NEXT T
1680 I=I+2:GOTO 1560
1690 LINE (-20,0)-(190,0),1,2
1700 LINE (-20,H-N-1)-(190,H-N-1),1,2
1710 GLCURSOR (0,H):SORGN
1720 VD=1:GOSUB 3000
1730 REM              * * *

1740 REM * DEMODULATION RECHTECK *

1750 REM              * * *
1760 GLCURSOR (0,-(2*H+N)-15):SORGN
1770 C=180/WH:I=1:G=0
1780 A=(I-1)*C:B=I*C
```

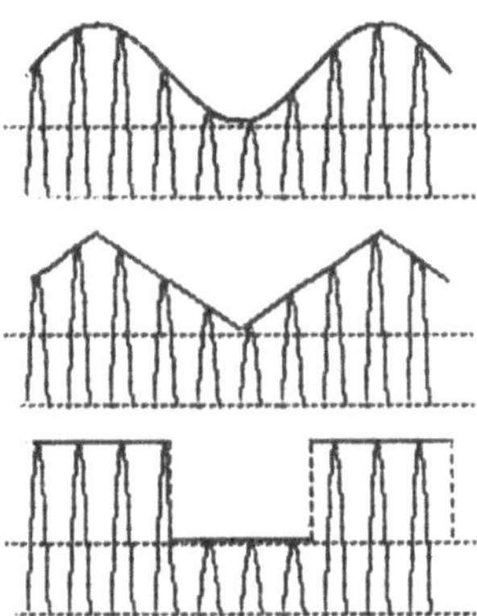

```
1790 GLCURSOR (A/2,0)
1800 FOR T=ATO B
1810 U=360*G/WN
1820 YR=N
1830 IF T>=180/WN+UAND T<360/WN+ULET YR=-YR
1840 IF T=360/WN+ULET G=G+1
1850 YM=(H+YR)*SIN (WH*T)
1860 IF B>=360GOTO 1900
1870 LINE -(T/2,YM),0,1
1880 NEXT T
1890 I=I+2:GOTO 1780
1900 LINE (-20,0)-(190,0),1,2
1910 LINE (-20,H-N-1)-(190,H-N-1),1,2
1920 GLCURSOR (0,H):SORGN
1930 V=1:GOSUB 3500
1940 REM            * * *

1950 REM    * MODULATIONSGRAD *

1960 REM            * * *
1970 GLCURSOR (0,-H-40):TEXT :CSIZE 1:COLOR 0
1980 M=(N/H)*100:M=INT (10*M+0.5)/10
1990 LPRINT "U s ... AMPLITUDE DER SIGNALSPANNUNG"
2000 LF 1
2010 LPRINT "U t ... AMPLITUDE D. TRAEGERSPANNUNG"
2020 LF 1
2030 LPRINT "M ..... MODULATIONSGRAD"
2040 LF 2:TAB 10:LPRINT "M = U s / Ut":LF 1
2050 TAB 10:LPRINT "M =";USING "###.#";M;" %"
2060 LF 4:TAB 10:LPRINT "- - - - - - - -":LF 3
2070 REM            * * *

2080 REM    * PROGRAMMDAUER *

2090 REM            * * *
2100 A=TIME :A1=INT (A*100)
2110 A2=10000*A-100*A1:USING
2120 LPRINT "DAUER DES PROGRAMMLAUFES :"
2130 LPRINT A1;" Minuten und";A2;" Sekunden"
2140 LF 8
2150 END
2460 REM            * * *

2470 REM    * UNTERPROGRAMM *
2480 REM * SIGNALFREQUENZ SINUS *
2490 REM            * * *
2500 FOR T=OTO 360
2510 YN=N*SIN (WN*T+F)
2520 LINE -(T/2,YN),0,3
2530 NEXT T
2540 RETURN
2960 REM            * * *

2970 REM     * UNTERPROGRAMM *
2980 REM  * SIGNALFREQU. DREIECK *

2990 REM            * * *
3000 G=0
3010 FOR T=OTO 360STEP 2
3020 U=360*G/WN
3030 YD=K*WN*(T-U)*VD
3040 IF T>90/WN+UAND T<=270/WN+ULET YD=-YD+2*N*VD
3050 IF T>270/WN+ULET YD=YD-4*N*VD
3060 IF T=360/WN+ULET G=G+1
3070 LINE -(T/2,YD),0,3
3080 NEXT T
3090 RETURN
```

```
3460 REM            * * *

3470 REM        * UNTERPROGRAMM *
3480 REM    * SIGNALFREQU. RECHTECK *

3490 REM            * * *
3500 GLCURSOR (0,U*N)
3510 G=0
3520 FOR T=0TO 360
3530 U=360*G/WN
3540 YR=N*U
3550 IF T=180/WN+ULINE (T/2,N*U)-(T/2,-N*U),2,3
3560 IF T>=180/WN+UAND T<360/WN+ULET YR=-YR
3570 IF T=360GOTO 3620
3580 IF T<>360/WN+UGOTO 3600
3590 G=G+1:LINE (T/2,-N*U)-(T/2,N*U),2,3
3600 LINE -(T/2,YR),0,3
3610 NEXT T
3620 RETURN
4470 REM            * * *

4480 REM    * U.PROGR. DREIECK *

4490 REM            * * *
4500 G=0
4510 FOR T=0TO 360
4520 U=360*G/WN
4530 YD=K*WN*(T-U)
4540 IF T>90/WN+UAND T<=270/WN+ULET YD=-YD+2*N
4550 IF T>270/WN+ULET YD=YD-4*N
4560 IF T=360/WN+ULET G=G+1
4570 YH=H*SIN (WH*T)
4580 IF Z=2LET Y=YH+YD
4590 IF Z=1LET Y=(H+YD)*SIN (WH*T)
4600 LINE -(T/2,Y),0,Z
4610 NEXT T
4620 RETURN
4970 REM            * * *

4980 REM    * U.PROGR. RECHTECK *

4990 REM            * * *
5000 G=0
5010 FOR T=0TO 360
5020 U=360*G/WN
5030 YR=N
5040 IF T>=180/WN+UAND T<360/WN+ULET YR=-YR
5050 IF T=360/WN+ULET G=G+1
5060 YH=H*SIN (WH*T)
5070 IF Z=2LET Y=YR+YH
5080 IF Z=1LET Y=(H+YR)*SIN (WH*T)
5090 LINE -(T/2,Y),0,Z
5100 NEXT T
5110 RETURN
5120 END


     STATUS 1 : 7103
     STATUS 1 (OHNE REM - ZEILEN) : 4560          Siehe Farbanhang 4
```

10. LICHTBRECHUNG

PROBLEMSTELLUNG

Trifft ein Lichtstrahl auf die Grenzfläche zwischen zwei verschieden dichten optischen Medien, so ändert sich seine Richtung. Der Grund für die Ablenkung ist die unterschiedliche Aus-
breitungsgeschwindigkeit für Licht in den einzelnen Medien.
Die Richtungsänderung wird Lichtbrechung genannt.
Es sollen für verschiedene wählbare Medien die Brechungswinkel
berechnet bzw. graphisch dargestellt werden.

PHYSIKALISCHE GRUNDLAGEN - PROGRAMMAUFBAU

Ein Medium heißt optisch dichter als ein zweites, wenn die
Lichtgeschwindigkeit in ihm kleiner ist. Beim Übertritt eines
Lichtstrahls von einem optisch dünneren in ein optisch dichteres
Medium erfolgt die Brechung zum Lot hin, d. h. der Brechungswin-
kel ist kleiner als der Einfallswinkel, der so wie dieser zwi-
schen Lot und Lichtstrahl gemessen wird.

Um die optische Dichte jeder Substanz durch eine Zahl zu charak-
terisieren, gibt man die Brechungszahl für den Übergang des
Lichtes vom Vakuum in die betreffende Substanz an.
Es gilt:

$$n = \frac{c}{c_m} \qquad \begin{array}{l} c \ldots \text{Lichtgeschwindigkeit im Vakuum} \\ c_m \ldots \text{Lichtgeschwindigkeit im Medium} \end{array}$$

Aus den Brechungszahlen zweier Medien kann ihre relative Brechungszahl (relativer Brechungsquotient) berechnet werden:

$$c_1 = \frac{c}{n_1} \quad , \quad c_2 = \frac{c}{n_2} \qquad \begin{array}{l} c_1, c_2 \ldots \text{Lichtgeschwindigkeit in Medien} \\ c \ldots\ldots \text{Lichtgeschwindigkeit im Vakuum} \end{array}$$

$$\text{Relativer Brechungsquotient} \quad n_{1,2} = \frac{c_1}{c_2} = \frac{n_2}{n_1}$$

Die Brechung des Lichtes erfolgt nach dem Brechungsgesetz von
Snellius:

$$\frac{\sin \alpha}{\sin \beta} = n_{1,2} \qquad \begin{array}{l} \alpha \ldots \text{Einfallswinkel} \\ \beta \ldots \text{Brechungswinkel} \end{array}$$

Ein Teil des auf die Grenzfläche fallenden Lichtstrahles wird an
dieser reflektiert und überdies polarisiert.

Als Brewsterschen Winkel gibt man jenen Einfallswinkel an, für
den der reflektierte und der gebrochene Lichtstrahl einen rech-
ten Winkel bilden:

$$\alpha_B = \arctan n_{1,2}$$

Trifft Licht vom optisch dichteren Medium kommend auf die Grenz-
fläche, so wird es vom Lot weg gebrochen. Es kann aber auch zu
Totalreflexionen kommen. Der Lichtstrahl kann dann das Medium
nicht verlassen, die Grenzfläche wirkt wie ein Spiegel.
Der Grenzwinkel der Totalreflexion läßt sich aus dem relativen
Brechungsquotienten berechnen:

$$\alpha_G = \arcsin n_{1,2}$$

Die Lichtgeschwindigkeit hängt natürlich außer vom Medium auch
noch von der Wellenlänge des verwendeten Lichtes ab.
In diesem Programm wird Na-Licht mit der Wellenlänge 589 nm verwendet.

Beim Durchgang eines Lichtstrahls durch eine planparallele Platte
wird dieser parallel verschoben. Der Lichtstrahl wird einmal zum
Lot hin, einmal vom Lot weg gebrochen. Die Größe der Parallelverschiebung hängt sowohl von der Platte, als auch vom Einfallswinkel ab. Bei streifendem Lichteinfall kann es in der Platte zu
Totalreflexion kommen.

Bei einem optischen Prisma hängt die Ablenkung eines Lichtstrahls
nicht nur vom Medium des Prismas und seiner Umgebung ab, sondern
auch vom brechenden Winkel des Prismas. Das ist jener Winkel des
Prismas, unter dem die Seitenflächen zueinander geneigt sind.
Bei geeignetem Einfallswinkel werden die Lichtstrahlen im Prisma
an der zweiten Grenzfläche totalreflektiert.

Selbstverständlich wurde bei allen Überlegungen von einfarbigem
Licht ausgegangen.
Ist das Licht eine Mischung aus mehreren Wellenlängen, so werden
die einzelnen Anteile verschieden stark gebrochen, was sich vor
allem beim Prisma als deutliche Aufspaltung in die einzelnen
Farben bemerkbar macht.

HINWEISE ZUR PROGRAMMGESTALTUNG

Das Programm liegt nur in einer Form mit Graphik vor, läßt sich aber ganz leicht so verändern, daß nur ein Drucker dafür erforderlich ist. Dazu sind die Zeilen 1290 bis 2910 zu streichen, wobei auch Zeile 870 unnötig ist.
Zu Beginn des Programms wird eine Liste der wählbaren Medien ausgedruckt.

Die Brechungsquotienten der einzelnen Medien sind in Unterprogramme geschrieben, die mit dem eingegebenen Anfangsbuchstaben des Mediums (außer Schwefelkohlenstoff, für den die Abkürzung C verwendet wird) aufgerufen werden.

Das erste Medium erhält die Bezeichnung D$ mit dem Brechungsquotienten M, das zweite Medium C$ und N. Aus den absoluten Brechungsquotienten M und N wird der relative Brechungsquotient RB berechnet $(RB = \frac{N}{M})$.

Es werden zunächst 3 Winkel eingegeben, die als zweidimensionales Feld X(J,I) gespeichert werden, und zwar ist J zunächst 1.
Die Festlegung der Dimension des Feldes erfolgt in 860.
Insgesamt können 3 mal 3 Winkel bei gleichen Medien gewählt werden. Es besteht aber auch die Möglichkeit, nach 3 Winkeln (also einmaligem Durchlaufen der Schleife J = 1 bis 3) neue Medien zu wählen (Abfrage in 2870) oder das Programm zu beenden.

Die Winkel werden in Grad, Minuten und Sekunden eingegeben und ausgedruckt, die Berechnung erfolgt in Dezimalgrad.

Am Programmende können alle Winkel und Verschiebungen abgefragt werden, da sie in Feldern gespeichert sind. Selbstverständlich wäre auch ein eindimensionales Feld ausreichend, wobei bei erneuter Eingabe von Winkeln die Variablen neu belegt werden.

Für die beiden ausgewählten Medien werden die Brechungswinkel A(J,I) und beim Übergang zum optisch dichteren Medium der Brewstersche Winkel, beim Übergang zum optisch dünneren Medium der Grenzwinkel der Totalreflexion berechnet und ausgedruckt.
Die entsprechenden Texte stehen in den Unterprogrammen ab 3700 bzw. 3800.
Für jeden der 3 Winkel wird eine Farbe gewählt, die bis zum Ende des Programms beibehalten wird.

Bei der graphischen Darstellung des Lichtübergangs von Medium 1
in das Medium 2 werden auch die an der Grenzfläche reflektierten
Strahlen eingezeichnet, bei der planparallelen Platte und beim
Prisma werden sie jedoch vernachlässigt.
Sonderfälle sind streifender Einfall des Lichtstrahls (90°) und
Totalreflexion.

Zur Berechnung der Koordinaten wird ein 110 Einheiten (Punkte)
langer Strahl herangezogen, dessen Endpunkte mit $x = r \cdot \cos \phi$ und
$y = r \cdot \sin \phi$ berechnet werden.
Y(J,I) ist der komplementäre Winkel zu X(J,I).

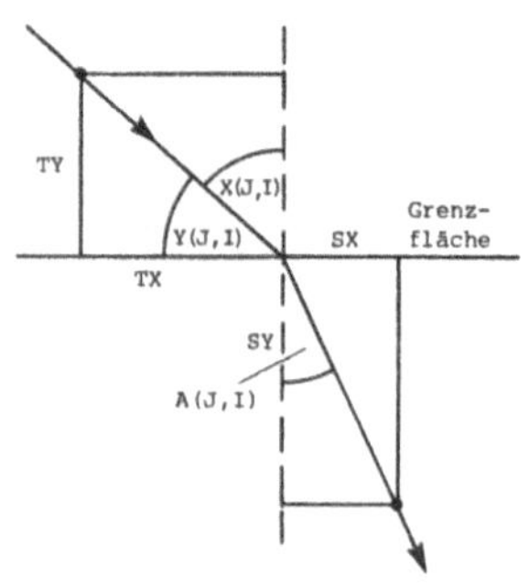

Z.B.: TX = 110 . COS Y(J,I)

   usw.

Bei der planparallelen Platte werden
die gleichen Überlegungen benützt, nur
tritt der Lichtstrahl noch durch eine
zweite Grenzfläche, sodaß er schließlich die Platte parallel zum einfallenden Strahl verläßt.

Die Parallelverschiebung wird als D(J,I) festgehalten und sofern
sie nicht O ist, ausgegeben.
Auf Sonderfälle, wie streifender Einfall und Totalreflexion
wird ebenfalls Rücksicht genommen. Zur Berechnung der Koordinaten des Punktes auf der 2. Grenzfläche in der Platte wird der
Tangens des Brechungswinkels verwendet. Für zu große Werte dieses Tangens A(J,I) müssen gesondert Koordinaten angegeben werden, da sonst der zulässige Bereich überschritten wird (1870).
Auch der Fall, wo beim Einfallswinkel 90° Totalreflexion in der

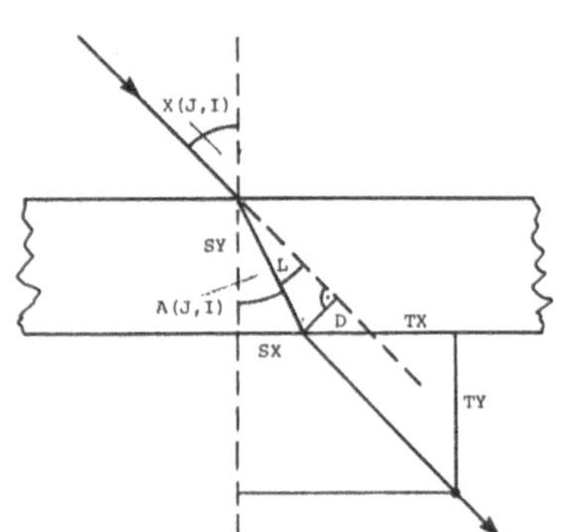

Platte auftritt, ist extra behandelt.
Die Dicke der Platte beträgt in der
Zeichnung 50 Einheiten, in Wirklich-
keit 1 cm.

SY = 5O,   SX = SY . TAN A(J,I)

Die Berechnung der Parallelverschiebung D(J,I) erfolgt nach den
Formeln:

$$L = 90^\circ - A(J,I) - Y(J,I) \qquad D(J,I) = \frac{SX \cdot \sin L}{5 \cdot \sin A(J,I)}$$

Beim optischen Prisma ist der brechende Winkel 60°, die Grundfläche ist ein gleichseitiges Dreieck.

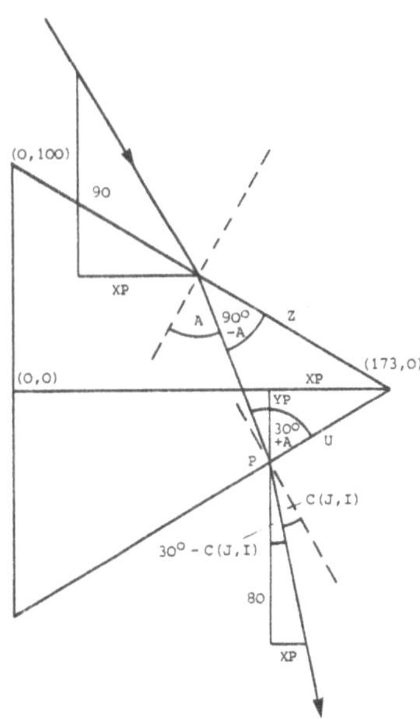

Der Einfallswinkel für die 2. Grenzfläche (im Prisma) beträgt 60°- A(J,I),
der Brechungswinkel
C(J,I) = ARC SIN (RB . SIN (60°- A(J,I)).

Die Berechnung der Koordinaten in den
einzelnen Punkten ist etwas kompliziert
und erfolgt mit Hilfe von Winkelfunktionen bzw. mit Hilfe des Sinussatzes.
Im Folgenden wird statt A(J,I) nur die
Bezeichnung A verwendet.
Für den Punkt, in dem der Lichtstrahl
auf das Prisma trifft, ist die Y-Koordinate 50, die dazugehörige Strecke X ergibt sich zu $\frac{50}{\tan 30^\circ}$.

Für den Anfangspunkt des Lichtstrahls
wird XP $= \dfrac{90}{\tan (120^\circ - X(J,I))}$ berechnet.

Für X(J,I) = 30° wird XP = 0 gesetzt und diese Wertzuweisung
übersprungen.
In Zeile 2470 ist XP zunächst $\dfrac{40}{\tan 60^\circ}$ zur Darstellung des Lotes
im Auftreffpunkt des Lichtstrahls.
Zur Berechnung der Koordinaten des Punktes P auf der 2. Grenzfläche werden die Längen der Strecken Z und U berechnet.

$$Z = \frac{50}{\sin 30^\circ} \qquad \frac{Z}{\sin (30^\circ + A)} = \frac{U}{\sin (90^\circ - A)}$$

$$U = \frac{Z \cdot \cos A}{\sin (30^\circ + A)} \qquad U = \frac{50 \cdot \cos A}{\sin 30^\circ \cdot \sin (30^\circ + A)}$$

Die Strecken in X- und Y-Richtung heißen wieder XP und YP.

$$XP = \frac{50 \cdot \cos A \cdot \cos 30^\circ}{\sin (30^\circ + A) \cdot \sin 30^\circ} \qquad XP = \frac{50 \cdot \cos A}{\sin (30^\circ + A) \cdot \tan 30^\circ}$$

$$XP = \frac{50 \cdot \cos A}{\sin (30^\circ + A)}$$

Der Lichtstrahl soll auch außerhalb des Prismas noch ein Stück
weiter gezeichnet werden. Dazu werden die Variablen XP und YP
neu belegt:

$XP = 80 . TAN (30^{\circ} - C(J,I)) - XP$

$YP = 80 + YP$

Für die Koordinaten werden immer wieder die gleichen Bezeichnungen verwendet, weil der Computer schon zu wenig Speicherplatz
für neue Variable hat.

Beim Prisma wird der gesamte Ablenkwinkel angegeben als
$E(J,I) = X(J,I) + C(J,I) - 60^{\circ}$.

Bei passenden Einfallswinkeln und Medien kann es zu Totalreflexion im Prisma kommen. Der Lichtstrahl wird dann jedoch nicht
mehr weitergezeichnet. In diesem Fall wird auch kein Ablenkwinkel berechnet, aber ein entsprechender Text gedruckt.
Ebenso wird der Fall extra behandelt, wo schon beim Auftreffen
des Lichtstrahls auf das Prisma Totalreflexion eintritt.

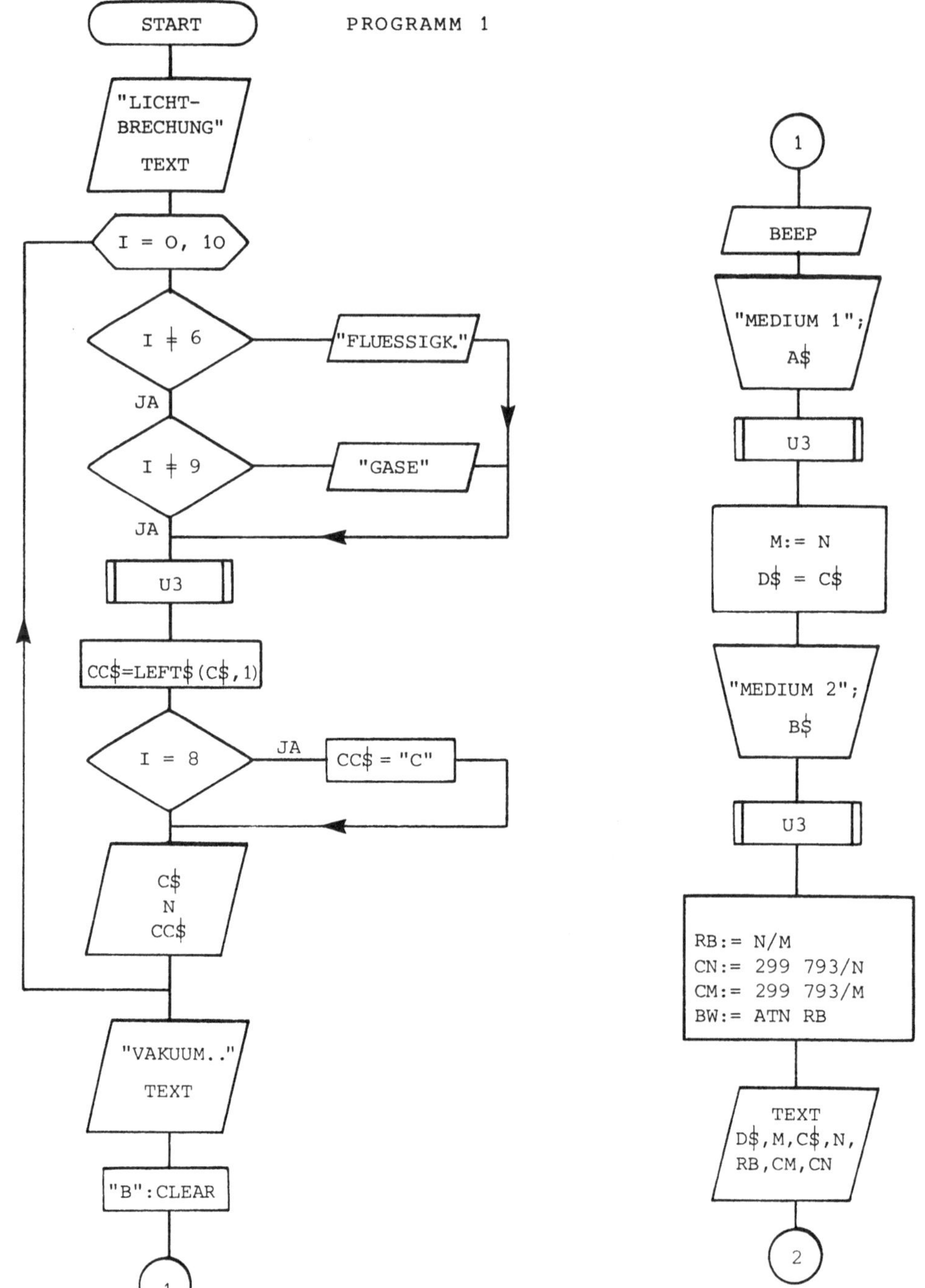
START
PROGRAMM 1
"LICHT-
BRECHUNG"
TEXT
I = 0, 10
I ≠ 6
"FLUESSIGK."
JA
I ≠ 9
"GASE"
JA
U3
CC$=LEFT$(C$,1)
I = 8
JA
CC$ = "C"
C$
N
CC$
"VAKUUM.."
TEXT
"B":CLEAR
1
1
BEEP
"MEDIUM 1";
A$
U3
M:= N
D$ = C$
"MEDIUM 2";
B$
U3
RB:= N/M
CN:= 299 793/N
CM:= 299 793/M
BW:= ATN RB
TEXT
D$,M,C$,N,
RB,CM,CN
2

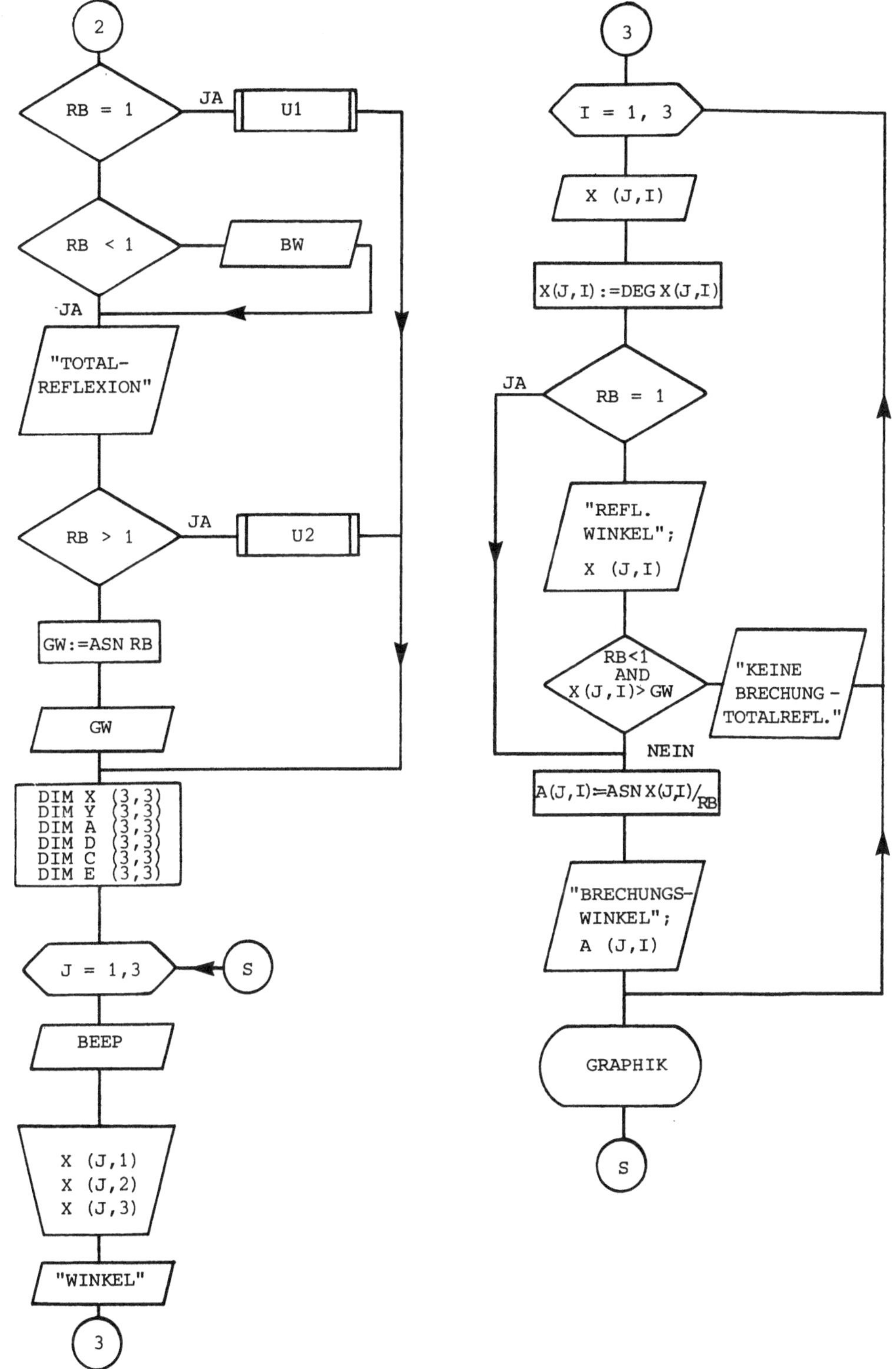

2
RB = 1
JA
U1
RB < 1
BW
JA
"TOTAL-
REFLEXION"
RB > 1
JA
U2
GW:=ASN RB
GW
DIM X (3,3)
DIM Y (3,3)
DIM A (3,3)
DIM D (3,3)
DIM C (3,3)
DIM E (3,3)
J = 1,3
S
BEEP
X (J,1)
X (J,2)
X (J,3)
"WINKEL"
3
3
I = 1, 3
X (J,I)
X(J,I):=DEG X(J,I)
JA
RB = 1
"REFL.
WINKEL";
X (J,I)
RB<1
AND
X(J,I)> GW
"KEINE
BRECHUNG-
TOTALREFL."
NEIN
A(J,I)=ASN X(J,I)/RB
"BRECHUNGS-
WINKEL";
A (J,I)
GRAPHIK
S

UNTERPROGRAMME

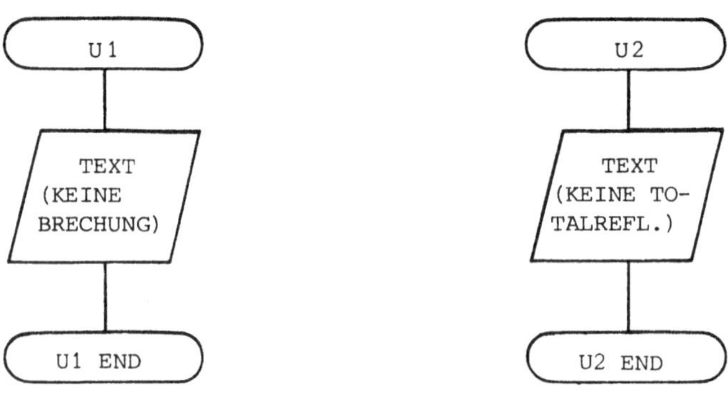

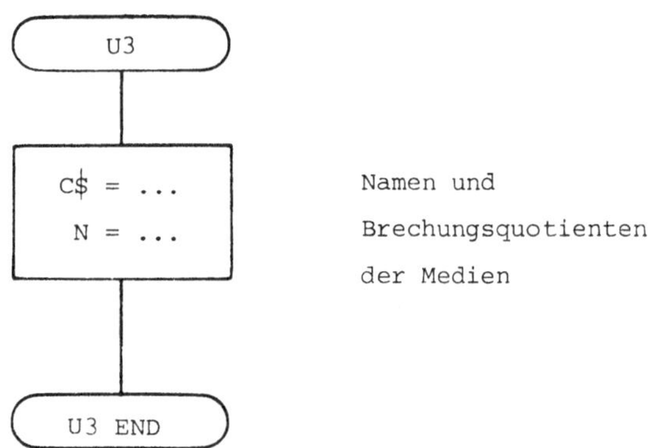

Namen und
Brechungsquotienten
der Medien

Bemerkung:

Das Flußdiagramm ist nur bis zum Beginn der graphischen
Darstellungen gezeichnet. Nach den 3 Zeichnungen für die
3 eingegebenen Winkel erfolgt Rücksprung zum Beginn der
Schleife mit der Zählvariablen J. Dies ist im Flußdiagramm
mit dem Symbol S angedeutet.

LICHTBRECHUNG

```
  5 "BRECHUNG":GOTO 40
 10 REM            * * *

 20 REM      *** LICHTBRECHUNG ***

 30 REM            * * *
 40 CLEAR :TIME =0
 50 TEXT :CSIZE 2:COLOR 3
 60 LPRINT "  LICHTBRECHUNG"
 70 LF 2:COLOR 2:CSIZE 1
 80 LPRINT "VERHALTEN EINES LICHTSTRAHLS BEIM"
 90 LPRINT "UEBERGANG VON EINEM MEDIUM 1 IN"
100 LPRINT "EIN ANDERES MEDIUM 2 IN ABHAENGIG-"
110 LPRINT "KEIT VOM EINFALLSWINKEL.":LF 1
120 LPRINT "IN DIESEM PROGRAMM STEHEN FUER DAS"
130 LPRINT "MEDIUM 1 UND FUER DAS MEDIUM 2"
140 LPRINT "FOLGENDE STOFFE EINSCHLIESSLICH"
150 LPRINT "VAKUUM ZUR VERFUEGUNG:"
160 REM            * * *

170 REM      * WAEHLBARE MEDIEN *

180 REM            * * *
190 LF 2:COLOR 2
200 LPRINT "            FESTE STOFFE"
210 LF 1:COLOR 0
220 USING "##.######"
230 FOR I=OTO 10
240 IF I<>6THEN 270
250 LF 1:COLOR 2:TAB 10:LPRINT "FLUESSIGKEITEN"
260 LF 1:COLOR 0:GOTO 300
270 IF I<>9THEN 300
280 LF 1:COLOR 2:TAB 10:LPRINT "GASE"
290 LF 1:COLOR 0
300 GOSUB (4000+10*I )
310 CC$=LEFT$ (C$,1)
320 IF I=8LET CC$="C"
330 LPRINT C$;TAB 19;"...";N;" ...";CC$
340 NEXT I
350 LF 1
360 LPRINT "VAKUUM              ... 1,000000 ...V"
370 LF 2
380 LPRINT "DIE ZAHLENANGABEN BEDEUTEN DEN JE-"
390 LPRINT "WEILIGEN ABSOLUTEN BRECHUNGS-   o"
400 LPRINT "QUOTIENTEN  ( No - LICHT bei 20  C )"
410 LF 2:COLOR 1
420 GOTO 440
430 "B":CLEAR :TEXT :CSIZE 1:COLOR 3:TIME =0
440 BEEP 1,5,3000:BEEP 1,10,8000
450 INPUT "MEDIUM 1 : ?";A$
460 GOSUB A$
470 M=N:D$=C$
480 INPUT "MEDIUM 2 : ?";B$
490 GOSUB B$
500 WAIT 10:PRINT "  GEDULD BITTE !"
510 REM            * * *

520 REM    * ANGABEN UEBER DIE MEDIEN *

530 REM            * * *
540 RB=N/M
550 CN=299793/N:CM=299793/M
560 BW=DMS ATN RB
```

LICHTBRECHUNG

VERHALTEN EINES LICHTSTRAHLS BEIM
UEBERGANG VON EINEM MEDIUM 1 IN
EIN ANDERES MEDIUM 2 IN ABHAENGIG-
KEIT VOM EINFALLSWINKEL.

IN DIESEM PROGRAMM STEHEN FUER DAS
MEDIUM 1 UND FUER DAS MEDIUM 2
FOLGENDE STOFFE EINSCHLIESSLICH
VAKUUM ZUR VERFUEGUNG:

FESTE STOFFE

EIS	... 1.310000	...E
QUARZGLAS	... 1.458000	...Q
PLEXIGLAS	... 1.501300	...P
KRONGLAS	... 1.610200	...K
FLINTGLAS	... 1.755000	...F
DIAMANT	... 2.417300	...D

FLUESSIGKEITEN

WASSER	... 1.332900	...W
BENZOL	... 1.501300	...B
SCHWEFELK.STOFF	... 1.625400	...C

GASE

SAUERSTOFF	.. 1.000271	.. S
LUFT	.. 1.000292	.. L
VAKUUM	... 1.000000	...V

DIE ZAHLENANGABEN BEDEUTEN DEN JE-
WEILIGEN ABSOLUTEN BRECHUNGS-   o
QUOTIENTEN (Na - LICHT bei 20 C)

LICHTUEBERGANG :
VOM MEDIUM 1 IN MEDIUM 2

MEDIUM 1 : LUFT
          n   = 1.000292
           o

MEDIUM 2 : DIAMANT
          n   = 2.417300
           o

RELATIVER BRECHUNGSQUOTIENT :
          n   = 2.416594
           1,2

LICHTGESCHWINDIGKEIT IN LUFT :
          c   = 299705 km/s
           1

LICHTGESCHWINDIGKEIT IN DIAMANT :
          c   = 124019 km/s

POLARISATION :

BREWSTERSCHER WINKEL : 67.3111 Grad

TOTALREFLEXION :

BEI DIESER MEDIENKOMBINATION
PRINZIPIELL UNMOEGLICH, DA
MEDIUM 2 OPTISCH DICHTER !

EINFALLS-, REFLEXIONS- U. BRECHUNGS-
WINKEL SOWIE GRAPHISCHE
DARSTELLUNG FUER 3 LICHTSTRAHLEN

EINFALLSWINKEL : 20.0000 Grad

REFLEXIONSWINKEL : 20.0000 Grad

BRECHUNGSWINKEL : 8.0810 Grad

```
570 LPRINT "LICHTUEBERGANG :"
580 LPRINT "VOM MEDIUM 1 IN MEDIUM 2"
590 LF 3:COLOR 0:USING "##.######"
600 LPRINT "MEDIUM 1 : ";D$
610 LPRINT "          n   = ";M
620 LPRINT "           o":LF 1
630 LPRINT "MEDIUM 2 : ";C$
640 LPRINT "          n   = ";N
650 LPRINT "           o":LF 2
660 LPRINT "RELATIVER BRECHUNGSQUOTIENT :"
670 LPRINT "          n   = ";RB
680 LPRINT "           1,2":LF 2
690 LPRINT "LICHTGESCHWINDIGKEIT IN ";D$;" :"
700 LPRINT "          c   = ";
710 LPRINT USING "########";CM;" km/s"
720 LPRINT "           1":LF 1
730 LPRINT "LICHTGESCHWINDIGKEIT IN ";C$;" :"
740 LPRINT "          c   = ";CN;" km/s"
750 LPRINT "           2":LF 2
760 IF RB=1GOSUB 3700:LF 2:GOTO 850
770 IF RB<1THEN 810
780 LPRINT "POLARISATION :":LF 1
790 LPRINT "BREWSTERSCHER WINKEL : ";
800 LPRINT USING "###.####";BW;" Grad":LF 2
810 LPRINT "TOTALREFLEXION :":LF 1
820 IF RB>1GOSUB 3800:GOTO 850
830 GW=ASN RB:USING "###.####"
840 LPRINT "GRENZWINKEL : ";DMS GW;" Grad"
850 LF 3
860 DIM X(3,3):DIM Y(3,3):DIM A(3,3)
870 DIM D(3,3):DIM C(3,3):DIM E(3,3)
880 REM         * * *

890 REM    * EINGABE DER WINKEL *
900 REM         * BERECHNUNG *

910 REM          * * *
920 FOR J=1TO 3
930 BEEP 1,5,3000
940 BEEP 1,10,8000
950 WAIT 200:PRINT "NUN EINGABE VON 3 WINKELN "
960 WAIT 200:PRINT "WINKEL in : Grad , Min Sek "
970 INPUT "1.EINFALLSWINKEL : ?";X(J,1)
980 INPUT "2.EINFALLSWINKEL : ?";X(J,2)
990 INPUT "3.EINFALLSWINKEL : ?";X(J,3)
1000 WAIT 10:PRINT "   GEDULD BITTE !"
1010 COLOR 0:CSIZE 1
1020 IF RB=1GOTO 1080
1030 REM         * * *

1040 REM    * AUSGABE / WINKEL *

1050 REM          * * *
1060 LPRINT "EINFALLS-, REFLEXIONS- U. BRECHUNGS-"
1070 GOTO 1090
1080 LPRINT "EINFALLS- UND BRECHUNGS-"
1090 LPRINT "WINKEL SOWIE GRAPHISCHE "
1100 LPRINT "DARSTELLUNG FUER 3 LICHTSTRAHLEN"
1110 LF 3
1120 FOR I=1TO 3
1130 COLOR I
1140 LPRINT "EINFALLSWINKEL    :";
1150 LPRINT USING "###.####";X(J,I);
1160 LPRINT " Grad":LF 1
1170 X(J,I)=DEG X(J,I)
1180 IF RB=1GOTO 1220
1190 LPRINT "REFLEXIONSWINKEL :";DMS X(J,I);
1200 LPRINT " Grad":LF 1
```

EINFALLSWINKEL   : 40.0000 Grad

REFLEXIONSWINKEL : 40.0000 Grad

BRECHUNGSWINKEL   : 15.2532 Grad

EINFALLSWINKEL   : 60.0000 Grad

REFLEXIONSWINKEL : 60.0000 Grad

BRECHUNGSWINKEL   : 20.5959 Grad

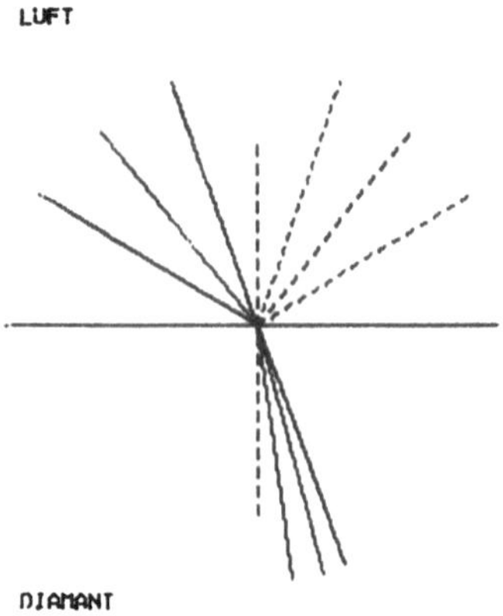

LUFT

DIAMANT

PLANPARALLELE PLATTE

DIE LICHTSTRAHLEN SIND BEIM VERLASSEN DER PLATTE PARALLEL ZU DEN EINFALLENDEN STRAHLEN .

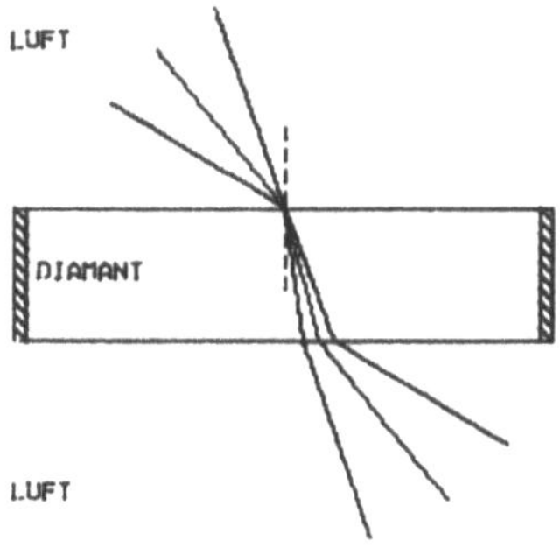

LUFT

DIAMANT

LUFT

PARALLELVERSCHIEBUNG DURCH EINE PLATTE VON 1 cm DICKE :

2.0 mm
4.3 mm
6.7 mm

DIE REFLEXION AN DEN GRENZFLAECHEN WURDE JEWEILS VERNACHLAESSIGT !

```
1210 IF RB<1AND X(J,I)>GWGOTO 1260
1220 A(J,I)=ASN ((SIN X(J,I))/RB)
1230 LPRINT "BRECHUNGSWINKEL   :";DMS A(J,I);
1240 LPRINT " Grad"
1250 LF 2:GOTO 1280
1260 LPRINT "BRECHUNGSWINKEL   : KEINE BRECHUNG -"
1270 LPRINT TAB (19);"TOTALREFLEXION !":LF 2
1280 NEXT I
1290 REM              * * *

1300 REM   * GRAPHIK/GRENZFLAECHE *

1310 REM              * * *
1320 GRAPH
1330 GLCURSOR (110,-200):SORGN
1340 LINE (-110,0)-(110,0),0,0
1350 LINE (0,-80)-(0,80),3,0
1360 FOR I=1TO 3
1370 Y(J,I)=90-X(J,I)
1380 TX=110*COS Y(J,I)
1390 TY=110*SIN Y(J,I)
1400 SX=110*COS (90-A(J,I))
1410 SY=110*SIN (90-A(J,I))
1420 IF RB<1AND X(J,I)>GWTHEN 1480
1430 IF X(J,I)=90GOTO 1460
1440 LINE (-TX,TY)-(0,0)-(SX,-SY),0,I
1450 LINE (0,0)-(TX,TY),2,I:GOTO 1520
1460 LINE (-TX,TY+1)-(0,1),0,I
1470 LINE -(TX,TY+1):GOTO 1520
1480 IF X(J,I)<>90THEN 1510
1490 LINE (-110,1)-(110,1),0,I
1500 GOTO 1520
1510 LINE (-TX,TY)-(0,0)-(TX,TY),0,I
1520 NEXT I
1530 CSIZE 1:COLOR 0
1540 GLCURSOR (-105,130):LPRINT D$
1550 GLCURSOR (-105,-120):LPRINT C$
1560 GLCURSOR (-105,-180)
1570 REM              * * *

1580 REM    * PLANPARALLELE PLATTE *

1590 REM              * * *
1600 WAIT 10:PRINT "PLANPARALLELE PLATTE"
1610 TEXT :COLOR 3
1620 LPRINT "  PLANPARALLELE"
1630 LPRINT "      PLATTE"
1640 COLOR 2:CSIZE 1:LF 2
1650 LPRINT "DIE LICHTSTRAHLEN SIND BEIM"
1660 LPRINT "VERLASSEN DER PLATTE PARALLEL ZU"
1670 LPRINT "DEN EINFALLENDEN STRAHLEN ."
1680 LPRINT "
1690 GRAPH :CSIZE 1
1700 GLCURSOR (110,-120):SORGN
1710 LINE (-105,-50)-(105,0),0,0,B
1720 GLCURSOR (-100,-50)
1730 FOR Q=0TO 9
1740 RLINE -(-5,5)-(5,-5)-(0,5),0,0
1750 NEXT Q
1760 GLCURSOR (100,0)
1770 FOR Q=0TO 9
1780 RLINE -(5,-5)-(-5,5)-(0,-5),0,0
1790 NEXT Q
1800 LINE (0,-30)-(0,30),3,0
```

PRISMA

DIE LICHTSTRAHLEN WERDEN BEIM DURCHGANG DURCH EIN OPTISCHES PRISMA ZWEIMAL GEBROCHEN. DER ABLENKWINKEL DELTA WIRD BERECHNET UND ANGEGEBEN.

DAS PRISMA BESTEHT AUS
                DIAMANT
DAS UMGEBENDE MEDIUM IST
                LUFT

DER BRECHENDE WINKEL DES PRISMAS BETRAEGT 60 Grad

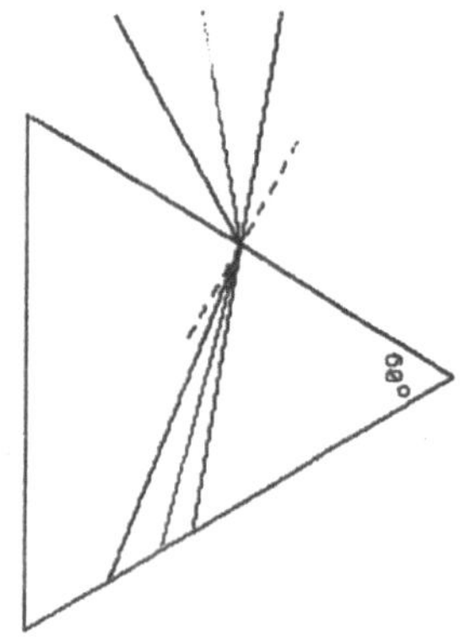

TOTALREFLEXION IM PRISMA
TOTALREFLEXION IM PRISMA
TOTALREFLEXION IM PRISMA

ABLENKWINKEL :

DAUER DES PROGRAMMLAUFES :
8 Minuten und 44 Sekunden

```
1810 FOR I=1TO 3
1820 TX=80*COS Y(J,I)
1830 TY=80*SIN Y(J,I)
1840 IF RB<1AND X(J,I)>GWTHEN 1940
1850 IF A(J,I)=90THEN 2030
1860 SX=50*TAN A(J,I):SY=50
1870 IF SX>100LET SX=100:LET SY=1
1880 IF X(J,I)=90THEN 1980
1890 LINE (-TX,TY)-(0,0)-(SX,-SY),0,I
1900 LINE -(SX+TX,-SY-TY)
1910 IF SY=1OR X(J,I)=0GOTO 2040
1920 L=90-A(J,I)-Y(J,I)
1930 D(J,I)=SX*SIN L/(5*SIN A(J,I)):GOTO 2040
1940 IF X(J,I)<>90GOTO 1960
1950 LINE (-110,1)-(110,1),0,I:GOTO 2040
1960 LINE (-TX,TY)-(0,0)-(TX,TY),0,I
1970 GOTO 2040
1980 LINE (-110,1)-(0,1)-(110,1),0,I
1990 LINE (0,1)-(SX,-SY)-(2*SX,1)
2000 GLCURSOR (-100,-130-10*I)
2010 LPRINT "TOTALREFLEXION IN DER PLATTE"
2020 GOTO 2040
2030 LINE (-TX,TY)-(0,0)-(100,1),0,I
2040 NEXT I
2050 COLOR 0
2060 GLCURSOR (-105,60):LPRINT D$
2070 GLCURSOR (-95,-27):LPRINT C$
2080 GLCURSOR (-105,-110):LPRINT D$
2090 GLCURSOR (-100,-190)
2100 TEXT :CSIZE 1:COLOR 0:USING "###.#"
2110 LPRINT "PARALLELVERSCHIEBUNG DURCH EINE"
2120 LPRINT "PLATTE VON 1 cm DICKE : ":LF 1
2130 FOR I=1TO 3
2140 IF D(J,I)=0THEN 2160
2150 COLOR 1:TAB 5:LPRINT ABS D(J,I);" mm"
2160 NEXT I
2170 COLOR 2:LF 2
2180 LPRINT "DIE REFLEXION AN DEN GRENZFLAECHEN"
2190 LPRINT "WURDE JEWEILS VERNACHLAESSIGT !"
2200 LF 5
2210 REM          * * *

2220 REM        * PRISMA *

2230 REM          * * *
2240 WAIT 10:PRINT "        PRISMA"
2250 COLOR 3:CSIZE 2
2260 LPRINT "      PRISMA"
2270 CSIZE 1:COLOR 2:LF 4
2280 LPRINT "DIE LICHTSTRAHLEN WERDEN BEIM"
2290 LPRINT "DURCHGANG DURCH EIN OPTISCHES"
2300 LPRINT "PRISMA ZWEIMAL GEBROCHEN."
2310 LPRINT "DER ABLENKWINKEL DELTA WIRD"
2320 LPRINT "BERECHNET UND ANGEGEBEN.":LF 1
2330 LPRINT "DAS PRISMA BESTEHT AUS"
2340 COLOR 3:TAB 9:LPRINT C$:COLOR 2
2350 LPRINT "DAS UMGEBENDE MEDIUM IST"
2360 COLOR 3:TAB 9:LPRINT D$:COLOR 2:LF 1
2370 LPRINT "DER BRECHENDE WINKEL DES"
2380 LPRINT "PRISMAS BETRAEGT 60 Grad"
2390 GRAPH
2400 GLCURSOR (30,-180):SORGN
2410 LINE (0,100)-(173,0)-(0,-100)-(0,100),0,0
2420 GLCURSOR (146,8):ROTATE 1:CSIZE 1
2430 LPRINT "60"
2440 GLCURSOR (151,-4):LPRINT "o"
2450 ROTATE 0
```

EINFALLSWINKEL   : 30.0000 Grad

REFLEXIONSWINKEL : 30.0000 Grad

BRECHUNGSWINKEL : 11.5627 Grad

EINFALLSWINKEL   : 60.0000 Grad

REFLEXIONSWINKEL : 60.0000 Grad

BRECHUNGSWINKEL : 20.5959 Grad

EINFALLSWINKEL   : 80.0000 Grad

REFLEXIONSWINKEL : 80.0000 Grad

BRECHUNGSWINKEL : 24.0256 Grad

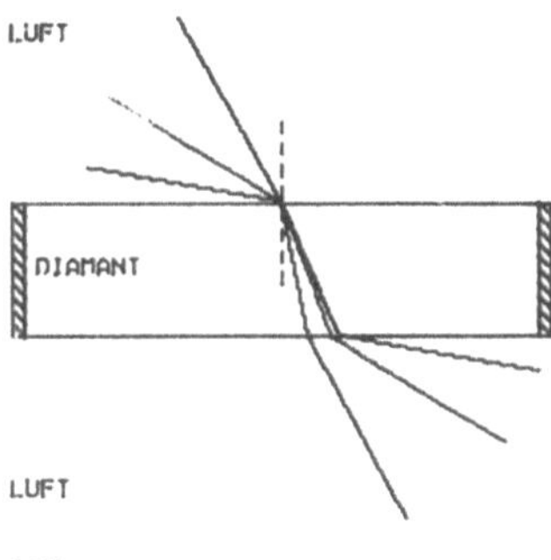

LUFT

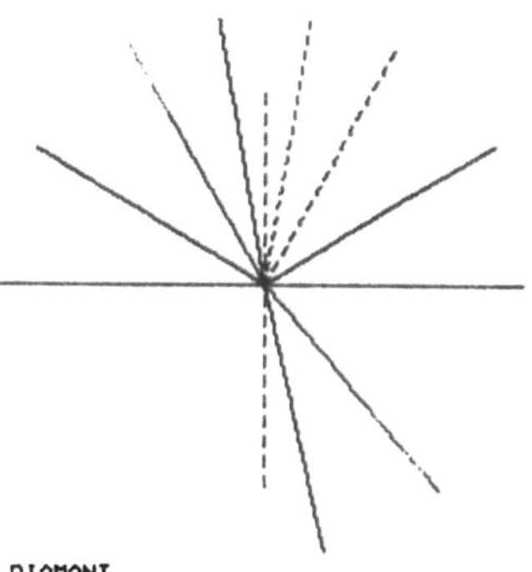

PLANPARALLELE PLATTE

DIE LICHTSTRAHLEN SIND BEIM
VERLASSEN DER PLATTE PARALLEL ZU
DEN EINFALLENDEN STRAHLEN

PARALLELVERSCHIEBUNG DURCH EINE
PLATTE VON 1 cm DICKE :

    3.1 mm
    0.7 mm
    9.0 mm

DIE REFLEXION AN DEN GRENZFLAECHEN
WURDE JEWEILS VERNACHLAESSIGT !

```
2460 X=50/TAN 30:Y=50
2470 XP=40/TAN 60
2480 LINE (173-X+XP,90)-(173-X-XP,10),3,0
2490 FOR I=1TO 3
2500 IF X(J,I)=30LET XP=0:GOTO 2520
2510 XP=90/TAN (120-X(J,I))
2520 LINE (173-X-XP,140)-(173-X,50),0,I
2530 IF X(J,I)=90LINE -(185,-6)-(173-X,50)
2540 IF RB<1AND X(J,I)>GWTHEN 2680
2550 A=RB*SIN (60-A(J,I))
2560 IF A>1THEN 2580
2570 C(J,I)=ASN A
2580 XP=50*COS A(J,I)/(TAN 30*SIN (A(J,I)+30))
2590 YP=50*COS A(J,I)/SIN (A(J,I)+30)
2600 LINE -(173-XP,-YP),0,I
2610 IF A>1THEN 2740
2620 IF X(J,I)=0THEN 2770
2630 XP=80*TAN (30-C(J,I))-XP
2640 YP=80+YP
2650 LINE -(173+XP,-YP),0,I
2660 E(J,I)=X(J,I)+C(J,I)-60
2670 GOTO 2770
2680 XP=173:YP=50+X*TAN (Y(J,I)-30)
2690 LINE -(XP,YP),0,I
2700 GLCURSOR (-30,-150-10*I)
2710 CSIZE 1:COLOR I
2720 LPRINT "TOTALREFLEXION AN DER GRENZFLAECHE"
2730 GOTO 2770
2740 GLCURSOR (-30,-150-10*I)
2750 CSIZE 1:COLOR I
2760 LPRINT "TOTALREFLEXION IM PRISMA"
2770 NEXT I
2780 GLCURSOR (-30,-210)
2790 TEXT :CSIZE 1:COLOR 0:USING "####.####"
2800 LPRINT "ABLENKWINKEL :":LF 1
2810 FOR I=1TO 3
2820 IF E(J,I)=0THEN 2850
2830 COLOR I:TAB 5
2840 LPRINT DMS ABS E(J,I);" Grad"
2850 NEXT I
2860 BEEP 1,5,3000:BEEP 1,10,8000
2870 WAIT 200:PRINT "NEUE MEDIEN ? ---> DEF B"
2880 IF J=3THEN 2930
2890 INPUT "NEUE WINKEL ?   J/N ";Z$
2900 IF Z$="N"THEN 2930
2910 TEXT :LF 5
2920 NEXT J
2930 TEXT :COLOR 0:CSIZE 1:LF 2:USING
2940 WAIT 10:PRINT "   PROGRAMMENDE"
2950 TAB 10:LPRINT "- - - - - - - - -":LF 3
2960 REM            * * *

2970 REM     * PROGRAMMDAUER *

2980 REM            * * *
2990 A=TIME :A1=INT (A*100)
3000 A2=10000*A-100*A1
3010 LPRINT "DAUER DES PROGRAMMLAUFES :"
3020 LPRINT A1;" Minuten und";A2;" Sekunden"
3030 LF 8
3040 END
```

LICHTUEBERGANG :
VOM MEDIUM 1 IN MEDIUM 2

MEDIUM 1 : WASSER
n_o = 1.332900

MEDIUM 2 : LUFT
n_o = 1.000292

RELATIVER BRECHUNGSQUOTIENT :
$n_{1,2}$ = 0.750462

LICHTGESCHWINDIGKEIT IN WASSER :
c_1 = 224917 km/s

LICHTGESCHWINDIGKEIT IN LUFT :
c = 299705 km/s

TOTALREFLEXION :

GRENZWINKEL : 48.3749 Grad

EINFALLS-, REFLEXIONS- U. BRECHUNGS-
WINKEL SOWIE GRAPHISCHE
DARSTELLUNG FUER 3 LICHTSTRAHLEN

EINFALLSWINKEL   : 10.0000 Grad

REFLEXIONSWINKEL   : 10.0000 Grad

BRECHUNGSWINKEL   : 13.2243 Grad

EINFALLSWINKEL   : 30.0000 Grad

REFLEXIONSWINKEL   : 30.0000 Grad

BRECHUNGSWINKEL   : 41.4643 Grad

EINFALLSWINKEL   : 60.0000 Grad

REFLEXIONSWINKEL   : 60.0000 Grad

BRECHUNGSWINKEL   : KEINE BRECHUNG -
                     TOTALREFLEXION !

WASSER

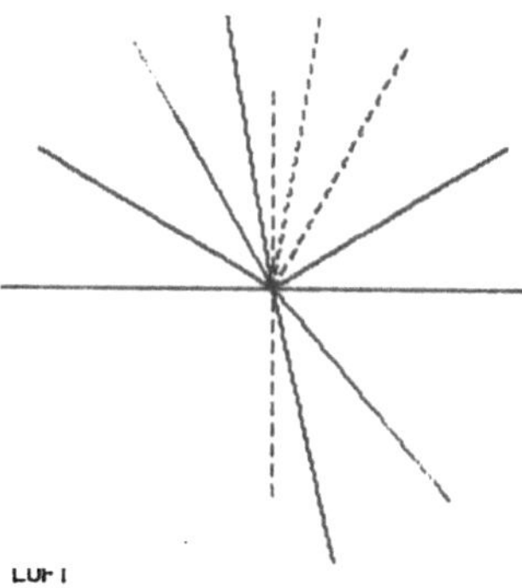

```
3660 REM              * * *

3670 REM        * UNTERPROGRAMM *
3680 REM     * TEXT/KEINE BRECHUNG *

3690 REM              * * *
3700 LPRINT "BRECHUNG TRITT NICHT AUF,DA"
3710 LPRINT "BEIDE MEDIEN OPTISCH IDENT !"
3720 RETURN
3760 REM              * * *

3770 REM        * UNTERPROGRAMM *
3780 REM   * TEXT/KEINE TOTALREFLEXION *

3790 REM              * * *
3800 LPRINT "BEI DIESER MEDIENKOMBINATION"
3810 LPRINT "PRINZIPIELL  UNMOEGLICH,DA"
3820 LPRINT "MEDIUM 2 OPTISCH DICHTER !"
3830 RETURN
3960 REM              * * *

3970 REM        * U.PROGR./MEDIEN *
3980 REM    * BRECHUNGSQUOTIENTEN *

3990 REM              * * *
4000 "E":C$="EIS":N=1.31:RETURN
4010 "Q":C$="QUARZGLAS":N=1.4588:RETURN
4020 "P":C$="PLEXIGLAS":N=1.5013:RETURN
4030 "K":C$="KRONGLAS":N=1.6102:RETURN
4040 "F":C$="FLINTGLAS":N=1.755:RETURN
4050 "D":C$="DIAMANT":N=2.4173:RETURN
4060 "W":C$="WASSER":N=1.3329:RETURN
4070 "B":C$="BENZOL":N=1.5013:RETURN
4080 "C":C$="SCHWEFELK.STOFF":N=1.6254:RETURN
4090 "S":C$="SAUERSTOFF":N=1.000271:RETURN
4100 "L":C$="LUFT":N=1.000292:RETURN
4110 "V":C$="VAKUUM":N=1.000:RETURN
4120 END


       STATUS 1 : 8908
       STATUS 1 (OHNE REM - ZEILEN) : 6941
```

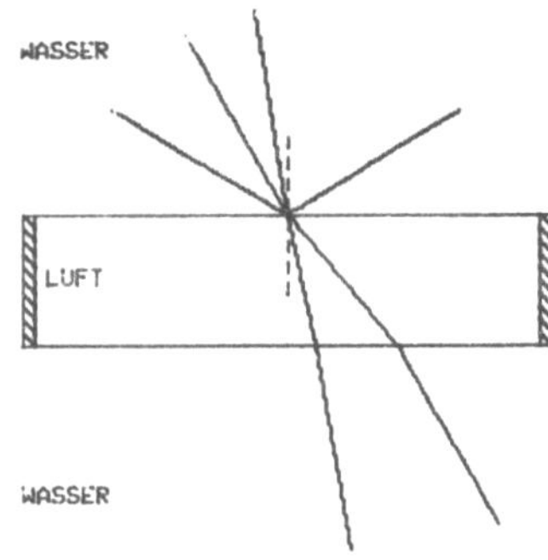

PARALLELVERSCHIEBUNG DURCH EINE
PLATTE VON 1 cm DICKE :

    0.6 mm
    2.7 mm

DIE REFLEXION AN DEN GRENZFLAECHEN
WURDE JEWEILS VERNACHLAESSIGT !

DAS PRISMA BESTEHT AUS
        LUFT
DAS UMGEBENDE MEDIUM IST
        WASSER

DER BRECHENDE WINKEL DES
PRISMAS BETRAEGT 60 Grad

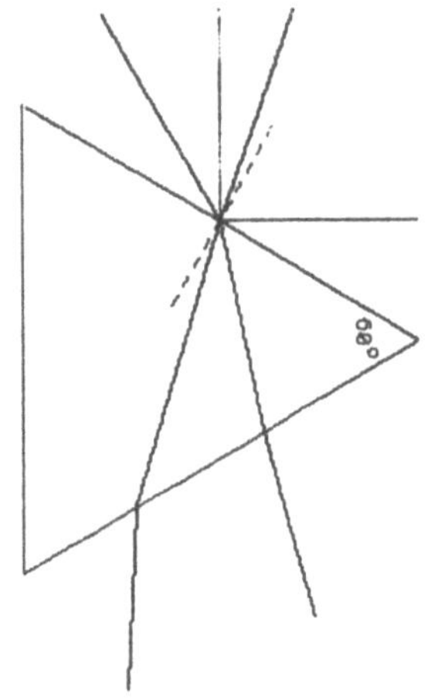

TOTALREFLEXION AN DER GRENZFLAECHE

ABLENKWINKEL :

    16.5638 Grad
    16.2542 Grad

Siehe Farbanhang 5

11. KONVEXLINSE

PROBLEMSTELLUNG

Eine (dünne) Sammellinse erzeugt von einem Gegenstand verschiedene Bilder, je nach Entfernung des Gegenstandes von der Linse. Das Programm soll die Eigenschaften des Bildes, die Bildgröße und die Entfernung des Bildes von der Linse angeben, wobei die Brennweite der Linse, sowie die Größe des abzubildenden Gegenstandes und seine Entfernung von der Linse frei wählbar sind.

Mit Hilfe der errechneten Daten soll dann das Bild auch konstruiert werden.

PHYSIKALISCHE GRUNDLAGEN - PROGRAMMAUFBAU

Trifft ein Lichtstrahl auf einen Glaskörper, wie z.B. eine Konvexlinse, so wird er beim Eintritt in das Glas aus seiner Richtung abgelenkt, außer er trifft genau auf den Linsenmittelpunkt. Beim Austritt aus der Linse wird er ebenfalls abgelenkt.

Für die Stärke der Ablenkung (Brechung) ist die Krümmung der Linse, aber auch die Glassorte bestimmend.
Die verschiedenen Farbanteile des Lichtes werden außerdem nicht gleich stark gebrochen (Dispersion), was bei diesem Programm nicht berücksichtigt ist.

Die von einem Gegenstandspunkt ausgehenden Lichtstrahlen werden zweimal gebrochen und anschließend in einem Bildpunkt gesammelt, oder sie scheinen von einem Bildpunkt hinter der Linse zu kommen. Zur Konstruktion des Bildes verwendet man solche Lichtstrahlen, deren Verlauf leicht angegeben werden kann, wobei in der Zeichnung die zweimalige Lichtbrechung durch eine Richtungsänderung ersetzt wird.

Ein Lichtstrahl, der auf den Mittelpunkt der Linse trifft, wird nicht gebrochen. Er heißt Hauptstrahl oder Mittelpunktstrahl.
Ein achsenparallel einfallender Strahl (Parallelstrahl) wird so gebrochen, daß er durch den Brennpunkt auf der anderen Seite der Linse geht. Ein Strahl, der aus dem Brennpunkt kommt (Brennpunktstrahl), verläßt die Linse achsenparallel.

Befindet sich ein Gegenstand außerhalb der Brennweite, so ist

das Bild verkehrt und reell, das heißt, es läßt sich auf einem
Schirm auffangen. Das Bild wird um so größer, je näher der Gegenstand zum Brennpunkt rückt. Wenn er sich in der doppelten
Brennweite befindet (dem Krümmungsmittelpunkt der Linse), ist
das Bild so groß wie der Gegenstand. Sehr weit entfernte Gegenstände werden im Brennpunkt abgebildet.

Liegt der Gegenstand innerhalb der Brennweite, so treten die von
einem Gegenstandspunkt kommenden Lichtstrahlen divergent aus der
Linse, haben also keinen reellen Schnittpunkt. Sie gelangen so
ins Auge, als ob sie von einem Bildpunkt hinter der Linse kämen.
Dort sieht man daher ein scheinbares (virtuelles), vergrößertes
und aufrechtes Bild des Gegenstandes. Das ist jener Fall, wo
eine Sammellinse als Lupe verwendet wird.
Die Vergrößerung ist das Verhältnis von Bildgröße zu Gegenstandsgröße. Sie ist so groß wie das Verhältnis von deutlicher Seh-
weite (ca. 20 cm) zu Brennweite der Linse.

Den Zusammenhang zwischen Brennweite, Gegenstandsweite und Bildweite liefert die Linsengleichung:

$$\frac{1}{b} + \frac{1}{g} = \frac{1}{f}$$ b .. Bildweite   g .. Gegenstandsweite
    f .. Brennweite

Für die Berechnung der Bildweite ergibt sich daraus: $b = \frac{f \cdot g}{g - f}$

Für die Bildgröße gilt die Beziehung: $\frac{B}{G} = \frac{b}{g}$

und daher $B = \frac{G \cdot b}{g}$ B .. Bildgröße   G .. Gegenstandsgröße

Falls sich der Gegenstand im Brennpunkt der Linse befindet, verlassen die Lichtstrahlen die Linse parallel, sodaß kein Bild
zustande kommt.

HINWEISE ZUR PROGRAMMGESTALTUNG

PROGRAMM 1

Eingegeben werden: die Brennweite F, die Entfernung des Gegenstandes von der Linse G und seine Größe GG. Dann wird durch die
Abfrage $G \leq F$ festgestellt, ob das Bild reell oder virtuell sein
wird, oder ob sich der Gegenstand im Brennpunkt befindet, sodaß
kein Bild entsteht (Zeile 220 und 500). Der entsprechende Text
wird in 660 und 670 gedruckt.

Für virtuelle Bilder erhält man nach der Formel eine negative
Bildweite, was durch Änderung des Terms (G - F) auf (F - G) ver-
mieden wird.
Ausgegeben werden: die Bildgröße BB, die Bildweite B sowie die
Vergrößerung bzw. Verkleinerung. Außerdem wird das Bild kurz be-
schrieben.

PROGRAMM 2
Mit Hilfe der berechneten Werte wird das Bild gezeichnet. Es
können deshalb nicht beliebig große Gegenstände gewählt werden
und man muß auch bei der Gegenstandsweite und der Brennweite auf
die Gegebenheiten des Druckers Rücksicht nehmen. Der Papier-
streifen kann nämlich nur bis zu einer Länge von 10 cm zurückge-
holt werden.
Die Zeichnung ist um 90° gedreht. Bei der Beschriftung erreicht
man dies durch den Befehl ROTATE 1.
Die Einschränkungen für die Eingaben werden auf der Anzeige angegeben (140, 160, 180). Es kann aber passieren, daß das Bild zu
groß wird oder zu weit von der Linse entfernt ist. Dann wird
keine Zeichnung angefertigt.
Die Lichtstrahlen werden durch Vollinien dargestellt, ihre Ver-
längerungen strichliert. Für die Zeichnung werden noch einige
Hilfsgrößen berechnet, die entweder die Größe der Zeichnung bestimmen (A bzw. AA) oder für einen Hilfspunkt in der Zeichnung
benötigt werden (X).
Dabei muß auch unterschieden werden, ob der Gegenstand außerhalb
der doppelten Brennweite liegt (340).
Für einen Gegenstand im Brennpunkt werden 2 von ihm ausgehende
Lichtstrahlen (Mittelpunktsstrahl und Parallelstrahl) gezeichnet
(ab 1210), die die Linse parallel verlassen, sodaß kein Bild
entstehen kann.
Die Linse selbst wird vereinfacht dargestellt durch ihre Hauptebene. Die zweimalige Brechung der Lichtstrahlen wird durch
1 Richtungsänderung ersetzt.
Die Zeichnung der Angaben, also der Linse und des Gegenstandes,
erfolgt im Unterprogramm (ab Zeile 2000). Die Darstellung des
reellen Bildes erfolgt mit Hilfe eines Parallelstrahls und eines
Brennpunktstrahls. Zur Konstruktion des virtuellen Bildes wird
ein Mittelpunktstrahl und ein Parallelstrahl verwendet.

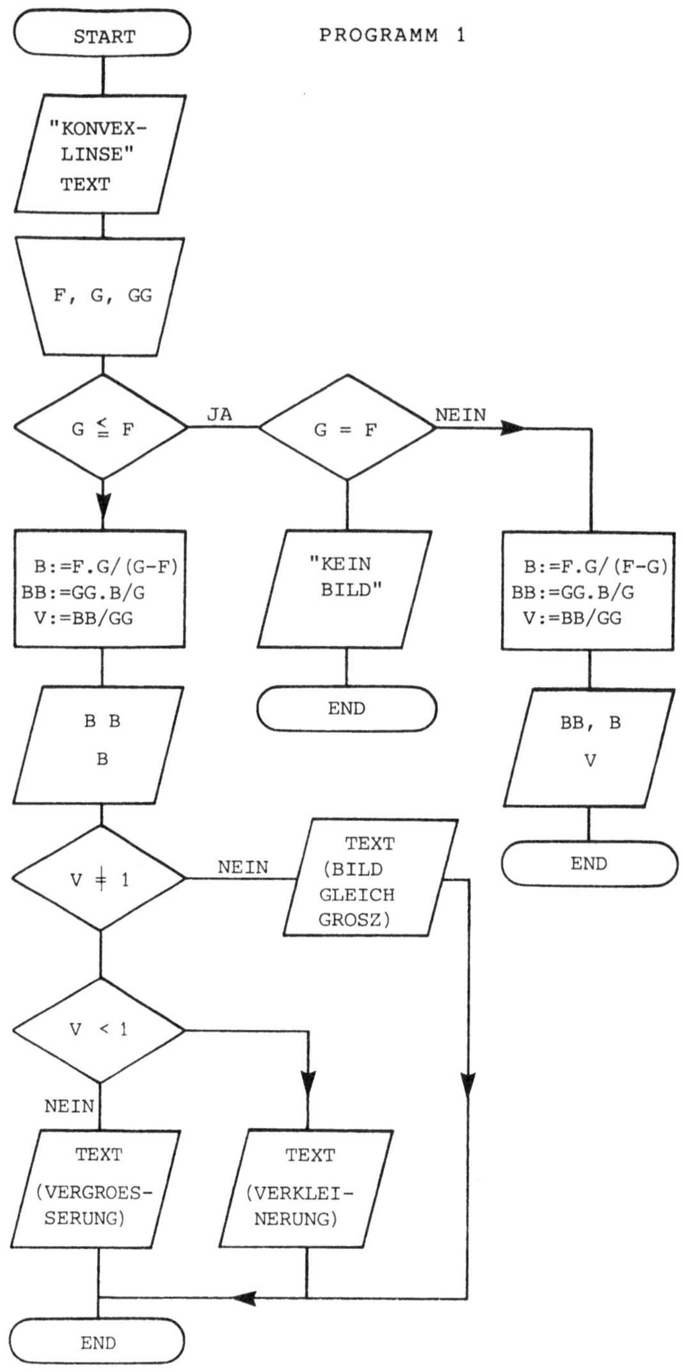

START
PROGRAMM 1
"KONVEX-LINSE" TEXT
F, G, GG
G ≤ F
JA
G = F
NEIN
B:=F.G/(G-F)
BB:=GG.B/G
V:=BB/GG
"KEIN BILD"
B:=F.G/(F-G)
BB:=GG.B/G
V:=BB/GG
B B
B
END
BB, B
V
V ╪ 1
NEIN
TEXT (BILD GLEICH GROSZ)
END
V < 1
NEIN
TEXT (VERGROES-SERUNG)
TEXT (VERKLEI-NERUNG)
END

KONVEXLINSE

```
  5 "KONVEX 1":GOTO 50
 10 REM              * * *

 20 REM     *** KONVEXLINSE ***

 30 REM        *  PROGRAMM 1  *

 40 REM              * * *
 50 CLEAR :TEXT :CSIZE 2:COLOR 3:USING
 60 LPRINT "   KONVEXLINSE"
 70 LF 2:COLOR 0
 80 LPRINT "    PROGRAMM 1"
 90 LF 1:CSIZE 1:COLOR 3
100 LPRINT "ABBILDUNG DURCH EINE SAMMELLINSE"
110 LF 2:COLOR 0
120 INPUT "BRENNWEITE ? ";F
130 INPUT "GEGENSTANDSWEITE ? ";G
140 INPUT "GEGENSTANDSGROESSE ? ";GG
150 LPRINT "BRENNWEITE : ";F
160 LPRINT "GEGENSTANDSWEITE : ";G
170 LPRINT "GROESSE DES GEGENSTANDES : ";GG
180 REM              * * *

190 REM   * FALLUNTERSCHEIDUNGEN *

200 REM         * BERECHNUNG *

210 REM              * * *
220 IF G<=FTHEN 500
230 B=F*G/(G-F)
240 BB=GG*B/G
250 V=BB/GG
260 REM              * * *

270 REM   * DATEN - REELLES BILD *

280 REM              * * *
290 COLOR 1:CSIZE 1:LF 2:USING "#####"
300 LPRINT "BILDGROESSE : ";BB
310 LPRINT "BILDWEITE : ";B:LF 1
320 IF V<>1THEN 360
330 COLOR 3:LPRINT "DAS BILD IST REELL,"
340 LPRINT "VERKEHRT UND GLEICH GROSS."
350 GOTO 680
360 IF V<1THEN 420
370 LPRINT "VERGROESSERUNG : ";USING "###.##";V
380 LF 1:COLOR 3
390 LPRINT "DAS BILD IST REELL,"
400 LPRINT "VERKEHRT UND VERGROESSERT."
410 GOTO 680
420 LPRINT "VERKLEINERUNG : ";USING "##.##";V
430 LF 1:COLOR 3
440 LPRINT "DAS BILD IST REELL,"
450 LPRINT "VERKEHRT UND VERKLEINERT."
460 GOTO 680
```

KONVEXLINSE

PROGRAMM 1

ABBILDUNG DURCH EINE SAMMELLINSE

```
BRENNWEITE :   200
GEGENSTANDSWEITE :    500
GROESSE DES GEGENSTANDES :   100

BILDGROESSE :     66
BILDWEITE :    333

VERKLEINERUNG :  0.66

DAS BILD IST REELL,
VERKEHRT UND VERKLEINERT.
```

- - - - - - - -

KONVEXLINSE

PROGRAMM 1

ABBILDUNG DURCH EINE SAMMELLINSE

```
BRENNWEITE :   500
GEGENSTANDSWEITE :   100
GROESSE DES GEGENSTANDES :   200

BILDGROESSE :    250
BILDWEITE :    125
VERGROESSERUNG :   1.25

DAS BILD IST VIRTUELL,
AUFRECHT UND VERGROESSERT.
```

- - - - - - - -

```
470 REM              * * *

480 REM    * VIRTUELLES BILD *

490 REM              * * *
500 IF G=FTHEN 650
510 B=F*G/(F-G)
520 BB=GG*B/G
530 V=BB/GG
540 COLOR 1:LF 2:USING "#####"
550 LPRINT "BILDGROESSE : ";BB
560 LPRINT "BILDWEITE : ";B
570 LPRINT "VERGROESSERUNG : ";USING "###.##";V
580 LF 1:COLOR 3
590 LPRINT "DAS BILD IST VIRTUELL,"
600 LPRINT "AUFRECHT UND VERGROESSERT."
610 GOTO 680
620 REM              * * *

630 REM        * KEIN BILD *

640 REM              * * *
650 LF 2:COLOR 3
660 LPRINT "VON EINEM GEGENSTAND IM"
670 LPRINT "BRENNPUNKT ERHAELT MAN KEIN BILD."
680 COLOR 0:LF 3:USING
690 TAB 10:LPRINT "- - - - - - - -":LF 8
700 END


     STATUS 1 : 2045
     STATUS 1 (OHNE REM - ZEILEN) : 1181
```

KONVEXLINSE

PROGRAMM 1

ABBILDUNG DURCH EINE SAMMELLINSE

BRENNWEITE : 20
GEGENSTANDSWEITE : 30
GROESSE DES GEGENSTANDES : 100

BILDGROESSE : 200
BILDWEITE : 60

VERGROESSERUNG : 2.00

DAS BILD IST REELL,
VERKEHRT UND VERGROESSERT.

- - - - - - - -

KONVEXLINSE

PROGRAMM 1

ABBILDUNG DURCH EINE SAMMELLINSE

BRENNWEITE : 200
GEGENSTANDSWEITE : 200
GROESSE DES GEGENSTANDES : 300

VON EINEM GEGENSTAND IM
BRENNPUNKT ERHAELT MAN KEIN BILD.

- - - - - - - -

KONVEXLINSE

```
    5 "KONVEX 2":GOTO 50
   10 REM              * * *

   20 REM      *** KONVEXLINSE ***

   30 REM        *  PROGRAMM 2  *

   40 REM              * * *
   50 CLEAR :TEXT :USING :CSIZE 2:COLOR 3
   60 TIME =0
   70 LPRINT "    KONVEXLINSE"
   80 LF 2:COLOR 0
   90 LPRINT "     PROGRAMM 2"
  100 LF 1:CSIZE 1:COLOR 3
  110 LPRINT "ABBILDUNG DURCH EINE SAMMELLINSE"
  120 LF 2:COLOR 0
  130 BEEP 1,50,300:BEEP 2,90,300:BEEP 1,50,300
  140 WAIT 150:PRINT "BRENNWEITE MAX. 120"
  150 INPUT "BRENNWEITE ? ";F
  160 WAIT 150:PRINT "GEGENSTANDSWEITE MAX.150"
  170 INPUT "GEGENSTANDSWEITE ? ";G
  180 WAIT 150:PRINT "GROESSE MAX. 100"
  190 INPUT "GEGENSTANDSGROESSE ? ";GG
  200 LPRINT "BRENNWEITE : ";F
  210 LPRINT "GEGENSTANDSWEITE : ";G
  220 LPRINT "GROESSE DES GEGENSTANDES : ";GG
  230 LF 1:COLOR 2
  240 WAIT 10:PRINT "    GEDULD BITTE ! "
  250 REM              * * *

  260 REM      * FALLUNTERSCHEIDUNGEN *

  270 REM              * * *
  280 IF G<=FTHEN 760
  290 B=F*G/(G-F):BB=GG*B/G:V=BB/GG
  300 IF BB>105OR B>120THEN 1310
  310 REM              * * *

  320 REM      * ANGABEN ZUR ZEICHNUNG *

  330 REM              * * *
  340 IF G>2*FLET A=G+40:LET AA=G:GOTO 360
  350 A=2*F+20:AA=2*A
  360 LPRINT "ZUR BILDKONSTRUKTION WIRD EIN"
  370 LPRINT "PARALLELSTRAHL UND EIN"
  380 LPRINT "BRENNPUNKTSTRAHL VERWENDET.":LF 2
  390 X=BB*(B-F+20)/(B-F)
  400 REM              * * *

  410 REM      * GRAPHIK - REELLES BILD *

  420 REM              * * *
  430 GRAPH
  440 GOSUB 2000
  450 LINE (GG,G)-(-BB,0)-(-BB,-B-20),0,1
  460 LINE (GG,G)-(GG,0)-(-X,-B-20)
  470 LINE (0,-B)-(-BB,-B),0,2
  480 LINE (-BB+7,-B+4)-(-BB,-B)-(-BB+7,-B-4)
  490 GLCURSOR (-BB+5,-B-20)
  500 LPRINT "B"
  510 GLCURSOR (-110,-AA-30)
```

KONVEXLINSE

PROGRAMM 2

ABBILDUNG DURCH EINE SAMMELLINSE

```
BRENNWEITE :   100
GEGENSTANDSWEITE :   60
GROESSE DES GEGENSTANDES :   30
```

ZUR BILDKONSTRUKTION WIRD EIN
MITTELPUNKTSSTRAHL UND EIN
PARALLELSTRAHL VERWENDET.

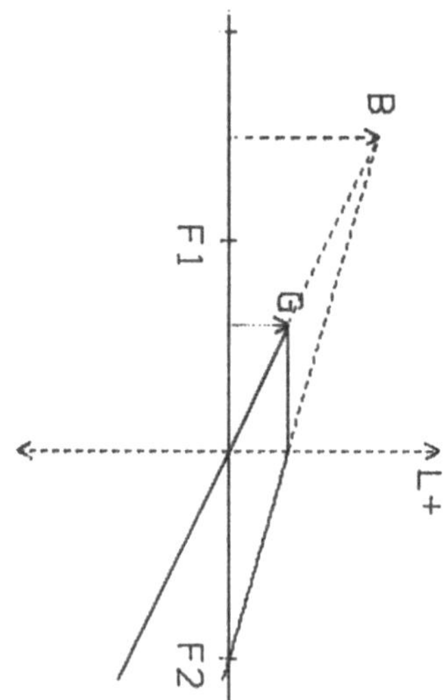


```
BILDGROESSE :   75
BILDWEITE :   150
```

VERGROESSERUNG :   2.50

DAS BILD IST VIRTUELL,
AUFRECHT UND VERGROESSERT.

- - - - - - -

DAUER DES PROGRAMMLAUFES :
 2 Minuten und 7 Sekunden

```
520 REM                * * *

530 REM      * DATEN - AUSGABE *

540 REM                * * *
550 TEXT :CSIZE 1:COLOR 1:USING "####"
560 LPRINT "BILDGROESSE : ";BB
570 LPRINT "BILDWEITE : ";B:LF 1
580 IF V<>1THEN 620
590 COLOR 3:LPRINT "DAS BILD IST REELL,"
600 LPRINT "VERKEHRT UND GLEICH GROSS."
610 GOTO 1460
620 IF V<1THEN 680
630 LPRINT "VEGROESSERUNG : ";USING "###.##";V
640 LF 1:COLOR 3
650 LPRINT "DAS BILD IST REELL,"
660 LPRINT "VERKEHRT UND VERGROESSERT."
670 GOTO 1460
680 LPRINT "VERKLEINERUNG : ";USING "##.##";V
690 LF 1:COLOR 3
700 LPRINT "DAS BILD IST REELL,"
710 LPRINT "VERKEHRT UND VERKLEINERT."
720 GOTO 1460
730 REM                * * *

740 REM    * VIRTUELLES BILD *

750 REM                * * *
760 IF G=FTHEN 1120
770 B=F*G/(F-G):BB=GG*B/G:V=BB/GG
780 IF BB>105OR B>250THEN 1310
790 COLOR 2
800 LPRINT "ZUR BILDKONSTRUKTION WIRD EIN"
810 LPRINT "MITTELPUNKTSSTRAHL UND EIN"
820 LPRINT "PARALLELSTRAHL VERWENDET.":LF 2
830 IF B>2*FLET A=B+30:GOTO 850
840 A=2*F+10
850 AA=F+20:X=(GG/G)*(F+10):U=10*GG/F
860 REM                * * *

870 REM          * GRAPHIK *

880 REM                * * *
890 GRAPH
900 GOSUB 2000
910 LINE (GG,G)-(-X,-(F+10)),0,1
920 LINE (GG,G)-(GG,0)-(-U,-F-10)
930 LINE (GG,G)-(BB,B),2,1
940 LINE (GG,0)-(BB,B),2,1
950 LINE (0,B)-(BB,B),3,2
960 LINE (BB-7,B+4)-(BB,B)-(BB-7,B-4),0,2
970 GLCURSOR (BB-5,B+20)
980 LPRINT "B"
990 GLCURSOR (-110,-F-50)
1000 REM                * * *

1010 REM    * DATEN - AUSGABE *

1020 REM                * * *
1030 TEXT :CSIZE 1:COLOR 1:USING "####"
1040 LPRINT "BILDGROESSE : ";BB
1050 LPRINT "BILDWEITE : ";B:LF 1
1060 LPRINT "VERGROESSERUNG : ";USING "###.##";V
1070 LF 1:COLOR 3
1080 GOTO 1440
```

KONVEXLINSE

PROGRAMM 2

ABBILDUNG DURCH EINE SAMMELLINSE

BRENNWEITE :   40
GEGENSTANDSWEITE :   70
GROESSE DES GEGENSTANDES :   20

ZUR BILDKONSTRUKTION WIRD EIN
PARALLELSTRAHL UND EIN
BRENNPUNKTSTRAHL VERWENDET.

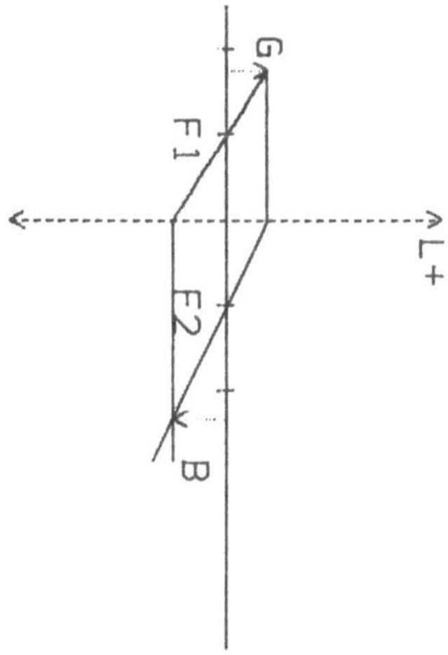

BILDGROESSE :   26
BILDWEITE :   93

VERGROESSERUNG :   1.33

DAS BILD IST REELL,
VERKEHRT UND VERGROESSERT.

- - - - - - - -

DAUER DES PROGRAMMLAUFES :
1 Minuten und 56 Sekunden

```
1090 REM            * * *

1100 REM       * KEIN BILD *

1110 REM             * * *
1120 A=2*F+10:AA=A:X=F*30/GG
1130 COLOR 2:LPRINT "ZUR KONSTRUKTION WIRD EIN"
1140 LPRINT "MITTELPUNKTSTRAHL UND EIN"
1150 LPRINT "PARALLELSTRAHL VERWENDET.":LF 2
1160 REM             * * *

1170 REM        * GRAPHIK *

1180 REM             * * *
1190 GRAPH
1200 GOSUB 2000
1210 LINE (GG,F)-(GG,0)-(-30,-(F+X)),0,1
1220 LINE (GG,F)-(-30-GG,-(F+X)),0,1
1230 GLCURSOR (0,-A-20)
1240 TEXT :CSIZE 1:COLOR 3:LF 5
1250 LPRINT "VON EINEM GEGENSTAND IM"
1260 LPRINT "BRENNPUNKT ERHAELT MAN KEIN BILD!"
1270 GOTO 1460
1280 REM             * * *

1290 REM    * NUR   DATEN - AUSGABE *

1300 REM             * * *
1310 WAIT 150:PRINT "ZEICHNUNG NICHT MOEGLICH !"
1320 CSIZE 1:COLOR 1:USING "####"
1330 LPRINT "BILDGROESSE : ";BB
1340 LPRINT "BILDWEITE : ";B:LF 1
1350 LPRINT "VERGROESSERUNG : ";USING "###.##";V
1360 LF 1:COLOR 2
1370 LPRINT "FUER DIESE GROESSE KANN KEINE"
1380 LPRINT "ZEICHNUNG AUSGEFUEHRT WERDEN!"
1390 LF 1:COLOR 3
1400 IF G<FTHEN 1440
1410 LPRINT "DAS BILD IST REELL,"
1420 LPRINT "VERKEHRT UND VERGROESSERT."
1430 GOTO 1460
1440 LPRINT "DAS BILD IST VIRTUELL,"
1450 LPRINT "AUFRECHT UND VERGROESSERT."
1460 TEXT :CSIZE 1:COLOR 0:LF 3:USING
1470 REM             * * *

1480 REM     * PROGRAMMDAUER *

1490 REM             * * *
1500 TAB 10:LPRINT "- - - - - - - -":LF 3
1510 A=TIME :A1=INT (A*100):A2=10000*A-100*A1
1520 LPRINT "DAUER DES PROGRAMMLAUFES :"
1530 LPRINT A1;" Minuten und";A2;" Sekunden"
1540 LF 8
1550 END
```

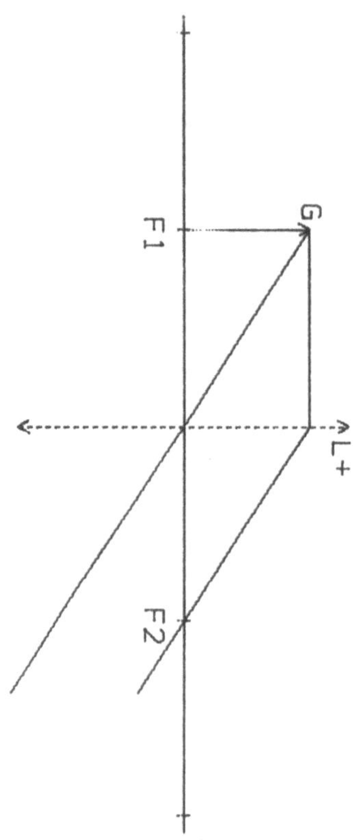

KONVEXLINSE

PROGRAMM 2

```
1970 REM             * * *

1980 REM   * U.PROGR./ZEICHNUNG *

1990 REM             * * *
2000 GRAPH
2010 GLCURSOR (110,-A):SORGN
2020 LINE (0,A)-(0,-AA),0,0
2030 LINE (-105,0)-(105,0),2,3
2040 LINE (98,4)-(105,0)-(98,-4),0,3
2050 LINE (-98,-4)-(-105,0)-(-98,4),0,3
2060 ROTATE 1:COLOR 3
2070 GLCURSOR (95,-10)
2080 LPRINT "L+":COLOR 0
2090 GLCURSOR (-25,F+10)
2100 LINE (-4,2*F)-(4,2*F),0,0
2110 LINE (-4,F)-(4,F),0,0
2120 GLCURSOR (-25,F+7)
2130 LPRINT "F1"
2140 LINE (-4,-F)-(4,-F),0,0
2150 GLCURSOR (-25,-F+7)
2160 LPRINT "F2"
2170 IF AA<2*FTHEN 2190
2180 LINE (-4,-2*F)-(4,-2*F),0,0
2190 LINE (0,G)-(GG,G),0,2
2200 LINE (GG-7,G+4)-(GG,G)-(GG-7,G-4),0,2
2210 GLCURSOR (GG-5,G+15):COLOR 2
2220 LPRINT "G"
2230 RETURN
2240 END


     STATUS 1 : 5518
     STATUS 1 (OHNE REM - ZEILEN) : 3374
```

KONVEXLINSE

PROGRAMM 2

ABBILDUNG DURCH EINE SAMMELLINSE

BRENNWEITE : 120
GEGENSTANDSWEITE : 100
GROESSE DES GEGENSTANDES : 80

BILDGROESSE : 480
BILDWEITE : 600

VERGROESSERUNG :   6.00

FUER DIESE GROESSE KANN KEINE
ZEICHNUNG AUSGEFUEHRT WERDEN!

DAS BILD IST VIRTUELL,
AUFRECHT UND VERGROESSERT.

- - - - - - - -

DAUER DES PROGRAMMLAUFES :
 1 Minuten und 20 Sekunden

Siehe Farbanhang 6

12. KONKAVLINSE

PROBLEMSTELLUNG

Eine (dünne) Konkavlinse - sie heißt auch Zerstreuungslinse -
erzeugt von einem Gegenstand ein scheinbares (virtuelles) Bild.
Dieses ist immer aufrecht und immer verkleinert. Bildgröße und
Bildweite hängen von der Brennweite der Linse, der Größe und der
Entfernung des Gegenstandes ab.
Die Eigenschaften des Bildes sollen ermittelt werden.

PHYSIKALISCHE GRUNDLAGEN - PROGRAMMAUFBAU

Die von einem Gegenstandspunkt ausgehenden Lichtstrahlen werden
so gebrochen, daß sie keinen Schnittpunkt haben und daher kein
reelles Bild entstehen kann.
Für das Auge des Betrachters scheinen sie aber von einem Punkt
hinter der Linse auszugehen. Alle diese scheinbaren Bildpunkte
bilden das aufrechte, verkleinerte und virtuelle Bild des Gegenstandes.
Zur Konstruktion des Bildes werden Lichtstrahlen herangezogen,
deren Verlauf nach Durchgang durch die Linse leicht angegeben
werden kann.
Ein Hauptstrahl durch den Linsenmittelpunkt (Mittelpunktstrahl)
geht ungebrochen durch die Linse. Ein achsenparallel einfallender Strahl verläßt die Linse so, als käme er aus dem Brennpunkt
(Zerstreuungspunkt).
Ein Lichtstrahl, der in Richtung des Brennpunktes auf der anderen Seite der Linse einfällt (Brennpunktstrahl), wird durch die
Brechung zu einem achsenparallelen Strahl.
Die gebrochenen Lichtstrahlen sind divergent. Ihre Verlängerun-
gen nach hinten ergeben den scheinbaren Bildpunkt.

Die Linsengleichung lautet:

$\dfrac{1}{b} - \dfrac{1}{g} = \dfrac{1}{f}$ b .. Bildweite g .. Gegenstandsweite f .. Brennweite

Für die Berechnung der Bildweite gilt: $b = \dfrac{f \cdot g}{f + g}$

Aus der Beziehung $\dfrac{B}{G} = \dfrac{b}{g}$ ergibt sich für die

Bildgröße $B = \dfrac{G \cdot b}{g}$ B .. Bildgröße

                                             G .. Größe des Gegenstandes

HINWEISE ZUR PROGRAMMGESTALTUNG

PROGRAMM 1

Für die gewählte Brennweite F, Gegenstandsweite G und Größe des
Gegenstandes GG werden Bildweite B und Bildgröße BB ermittelt.
Außerdem wird auch die Verkleinerung berechnet (250 - 270).
Nach erfolgter Ausgabe dieser Daten wird das Bild kurz beschrieben.

PROGRAMM 2

Die berechneten Daten werden zur Konstruktion des Bildes benützt.
Die Linse wird durch ihre Hauptebene dargestellt und die zweimalige Brechung der Lichtstrahlen durch eine einzige Richtungsänderung ersetzt.
Die Wahl der Eingabedaten ist wegen der Zeichnung beschränkt.
Diese Einschränkungen werden auf der Anzeige angegeben (150, 180, 200).
Die maximale Gegenstandsweite hängt von der eingegebenen Brennweite ab und wird in 170 berechnet.
Zur Konstruktion werden ein Brennpunktstrahl und ein Parallelstrahl benützt. Die Hilfsgrößen A und AA bestimmen die Größe der Zeichnung. Mit X, Y und Z sind Hilfspunkte für die Bildkonstruktion angegeben (360 - 410).
Die Zeichnung der Linse erfolgt im Unterprogramm 1000 - 1170, welches hier nur in Analogie zur Darstellung der Konvexlinse verwendet wird. Es finden ja keine Fallunterscheidungen statt.
Die Linse wird nicht symmetrisch zur optischen Achse dargestellt, damit größere Gegenstände konstruierbar sind.

PROGRAMM 1

START
"KONKAV-
LINSE"
TEXT
F
G
GG
F, G, GG
B:= F.G/(G+F)
BB:= GG.B/G
V:= BB/GG
BB, B,
V
TEXT
(BILD-
BESCHREI-
BUNG)
END

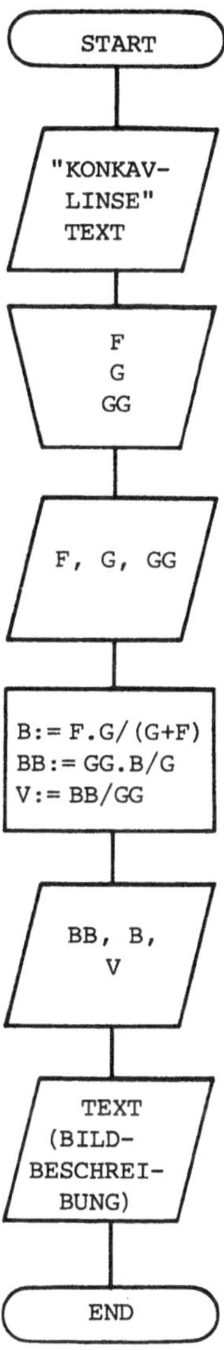

KONKAVLINSE

```
  5 "KONKAV 1":GOTO 50
 10 REM              * * *

 20 REM     *** KONKAVLINSE ***

 30 REM        *   PROGRAMM 1   *

 40 REM              * * *
 50 TEXT :CLEAR :CSIZE 2:COLOR 3:USING
 60 LPRINT "   KONKAVLINSE"
 70 LF 2:COLOR 0
 80 LPRINT "    PROGRAMM 1"
 90 LF 1:CSIZE 1:COLOR 3
100 LPRINT "ABBILDUNG DURCH EINE"
110 TAB 10:LPRINT "ZERSTREUUNGSLINSE"
120 LF 2:COLOR 0
130 BEEP 1,78,800
140 INPUT "BRENNWEITE ? ";F
150 INPUT "GEGENSTANDSWEITE ? ";G
160 INPUT "GEGENSTANDSGROESSE ? ";GG
170 WAIT 20:PRINT "   GEDULD BITTE !"
180 LPRINT "BRENNWEITE : ";F
190 LPRINT "GEGENSTANDSWEITE : ";G
200 LPRINT "GROESSE DES GEGENSTANDES : ";GG
210 LF 2:COLOR 1
220 REM              * * *

230 REM        * BERECHNUNG *

240 REM              * * *
250 B=F*G/(G+F)
260 BB=GG*B/G
270 V=BB/GG
280 REM              * * *

290 REM      * DATEN - AUSGABE *

300 REM              * * *
310 LPRINT "BILDGROESSE : ";
320 LPRINT USING "####.#";BB
330 LPRINT "BILDWEITE : ";B:LF 1
340 LPRINT "VERKLEINERUNG : ";
350 LPRINT USING "###.##";V
360 LF 1:COLOR 3
370 LPRINT "DAS BILD IST VIRTUELL,"
380 LPRINT "AUFRECHT UND VERKLEINERT."
390 LF 3:COLOR 0:USING
400 TAB 10:LPRINT "- - - - - - - -":LF 8
410 END


     STATUS 1 : 1162
     STATUS 1 (OHNE REM - ZEILEN) : 684
```

KONKAVLINSE

PROGRAMM 1

ABBILDUNG DURCH EINE
      ZERSTREUUNGSLINSE

```
BRENNWEITE :  100
GEGENSTANDSWEITE :  200
GROESSE DES GEGENSTANDES :  150

BILDGROESSE :   50.0
BILDWEITE :   66.6

VERKLEINERUNG :   0.33
```

DAS BILD IST VIRTUELL,
AUFRECHT UND VERKLEINERT.

- - - - - - - -

KONKAVLINSE

PROGRAMM 1

ABBILDUNG DURCH EINE
      ZERSTREUUNGSLINSE

```
BRENNWEITE :  150
GEGENSTANDSWEITE :  50
GROESSE DES GEGENSTANDES :  60

BILDGROESSE :   45.0
BILDWEITE :   37.5

VERKLEINERUNG :   0.75
```

DAS BILD IST VIRTUELL,
AUFRECHT UND VERKLEINERT.

- - - - - - - -

KONKAVLINSE

```
  5 "KONKAV 2":GOTO 50
 10 REM            * * *

 20 REM    *** KONKAVLINSE ***

 30 REM       *  PROGRAMM 2  *

 40 REM            * * *
 50 TEXT :CLEAR :CSIZE 2:COLOR 3:USING
 60 TIME =0
 70 LPRINT "   KONKAVLINSE"
 80 LF 2:COLOR 0
 90 LPRINT "     PROGRAMM 2"
100 LF 1:CSIZE 1:COLOR 3
110 LPRINT "ABBILDUNG DURCH EINE "
120 TAB 10:LPRINT "ZERSTREUUNGSLINSE"
130 LF 2:COLOR 0
140 BEEP 1,78,800
150 WAIT 150:PRINT "BRENNWEITE MAX. 230"
160 INPUT "BRENNWEITE ? ";F
170 FM=470-F
180 WAIT 150:PRINT "GEGENSTANDSWEITE MAX.";FM
190 INPUT "GEGENSTANDSWEITE ? ";G
200 WAIT 150:PRINT "GROESSE MAX. 150"
210 INPUT "GEGENSTANDSGROESSE ? ";GG
220 WAIT 20:PRINT "   GEDULD BITTE !"
230 LPRINT "BRENNWEITE : ";F
240 LPRINT "GEGENSTANDSWEITE : ";G
250 LPRINT "GROESSE DES GEGENSTANDES : ";GG
260 LF 1:COLOR 2
270 LPRINT "ZUR BILDKONSTRUKTION WIRD EIN"
280 LPRINT "PARALLELSTRAHL UND EIN"
290 LPRINT "BRENNPUNKTSTRAHL VERWENDET."
300 LF 2:COLOR 1
310 REM            * * *

320 REM        * BERECHNUNG *

330 REM            * * *
340 B=F*G/(G+F)
350 BB=GG*B/G
360 IF G>FTHEN LET A=G+20:GOTO 380
370 A=F+20
380 AA=F+20.
390 X=3*F/4
400 Y=GG*(X+F)/F
410 Z=GG*F/(G+F)
420 V=BB/GG
430 REM            * * *

440 REM         * GRAPHIK *

450 REM            * * *
460 GRAPH
470 GOSUB 1000
480 LINE (GG,G)-(GG,0)-(Y,-X),0,1
490 LINE (GG,0)-(0,F),2,1
500 LINE (GG,G)-(Z,0),0,1
510 LINE -(0,-F),4,1       .
520 LINE (Z,-F-10)-(Z,0),0,1
530 LINE -(Z,F),2,1
540 LINE (0,B)-(BB,B),2,2
550 LINE (BB-7,B+4)-(BB,B)-(BB-7,B-4),0,2
560 GLCURSOR (BB-17,B-9):LPRINT "B"
570 GLCURSOR (0,-F-20)
580 TEXT :LF 2:COLOR 1:CSIZE 1
```

KONKAVLINSE

PROGRAMM 2

ABBILDUNG DURCH EINE
         ZERSTREUUNGSLINSE

BRENNWEITE : 200
GEGENSTANDSWEITE : 250
GROESSE DES GEGENSTANDES : '20

ZUR BILDKONSTRUKTION WIRD EIN
PARALLELSTRAHL UND EIN
BRENNPUNKTSTRAHL VERWENDET.

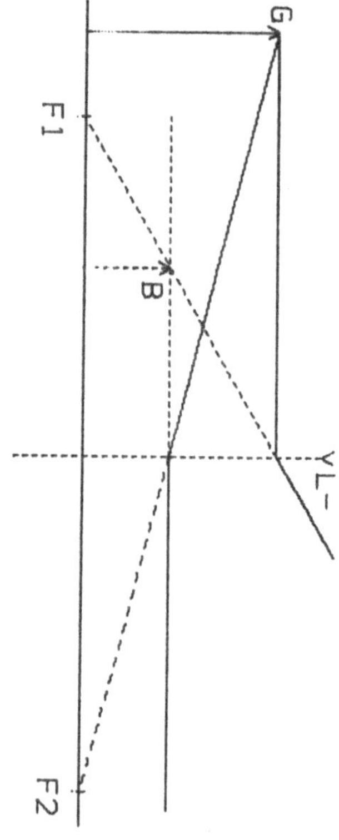

BILDGROESSE : 53.3
BILDWEITE : '11.1

VERKLEINERUNG : 0.44

DAS BILD IST VIRTUELL,
AUFRECHT UND VERKLEINERT.

. - - - - - - -

DAUER DES PROGRAMMLAUFES :
2 Minuten und 15 Sekunden

```
590 REM            * * *

600 REM      * DATEN - AUSGABE *

610 REM            * * *
620 LPRINT "BILDGROESSE : ";
630 LPRINT USING "####.#";BB
640 LPRINT "BILDWEITE : ";B:LF 1
650 LPRINT "VERKLEINERUNG : ";
660 LPRINT USING "###.##";V:LF 1:COLOR 3
670 LPRINT "DAS BILD IST VIRTUELL,"
680 LPRINT "AUFRECHT UND VERKLEINERT.":LF 4
690 COLOR 0:LF 3:USING
700 REM            * * *

710 REM      * PROGRAMMDAUER *

720 REM            * * *
730 TAB 10:LPRINT "- - - - - - - -":LF 3
740 A=TIME :A1=INT (100*A):A2=10000*A-100*A1
750 LPRINT "DAUER DES PROGRAMMLAUFES :"
760 LPRINT A1;" Minuten und";A2;" Sekunden"
770 LF 8
780 END
970 REM            * * *

980 REM     * U.PROGR./ZEICHNUNG *

990 REM            * * *
1000 GLCURSOR (60,-A):SORGN
1010 LINE (0,A)-(0,-AA),0,0
1020 LINE (-48,0)-(148,0),2,3
1030 LINE (155,4)-(148,0)-(155,-4),0,3
1040 ROTATE 1:COLOR 3
1050 GLCURSOR (145,-10)
1060 LPRINT "L-":COLOR 0
1070 LINE (-4,F)-(4,F),0,0
1080 GLCURSOR (-25,F+7)
1090 LPRINT "F1"
1100 LINE (-4,-F)-(4,-F),0,0
1110 GLCURSOR (-25,-F+7)
1120 LPRINT "F2"
1130 LINE (0,G)-(GG,G),0,2
1140 LINE (GG-7,G+4)-(GG,G)-(GG-7,G-4),0,2
1150 GLCURSOR (GG-5,G+15):COLOR 2
1160 LPRINT "G"
1170 RETURN
1200 END


      STATUS 1 : 2632
      STATUS 1 (OHNE REM - ZEILEN) : 1728
```

KONKAVLINSE

PROGRAMM 2

```
ABBILDUNG DURCH EINE
        ZERSTREUUNGSLINSE


BRENNWEITE :  120
GEGENSTANDSWEITE :  60
GROESSE DES GEGENSTANDES :  50

ZUR BILDKONSTRUKTION WIRD EIN
PARALLELSTRAHL UND EIN
BRENNPUNKTSTRAHL VERWENDET.
```

F1
G
B
L-
F2

```
BILDGROESSE :   33.3
BILDWEITE :   40.0

VERKLEINERUNG :   0.66

DAS BILD IST VIRTUELL,
AUFRECHT UND VERKLEINERT.


- - - - - - - -


DAUER DES PROGRAMMLAUFES :
3 Minuten und 2 Sekunden
```

Siehe Farbanhang 6

13. LORENTZTRANSFORMATION

PROBLEMSTELLUNG

Bewegen sich zwei Inertialsysteme mit Geschwindigkeiten in der
Größenordnung der Lichtgeschwindigkeit relativ zueinander, so
wird der Zusammenhang der beiden Systeme durch die Lorentztransformation festgelegt.
Für beliebige Geschwindigkeiten wird diese Lorentztransformation
angegeben und die beiden Koordinatensysteme gezeichnet. Für zwei
fest vorgegebene Ereignisse werden dessen Orts- und Zeitkoordi-
naten im ruhenden und bewegten System angegeben.

PHYSIKALISCHE GRUNDLAGEN - PROGRAMMAUFBAU

Der Aufenthaltsort und der entsprechende Zeitpunkt eines Körpers
kann durch sogenannte Weltpunkte bzw. durch die von den Welt-
punkten gebildeten Weltlinien in einem Raum-Zeit-Koordinatensy-
stem dargestellt werden.
Der Zusammenhang zweier relativ zueinander bewegter Inertialsysteme wird durch entsprechende Transforationen bestimmt, so
durch die Galileitransformation im Bereich der klassischen Physik (v << c).
Für Geschwindigkeiten in der Größenordnung der Lichtgeschwindigkeit gilt die Lorentztransformation (140 - 230), die gegenüber
der Galileitransformation auch eine Transformation der Zeit enthält.

$$
\begin{array}{ll}
\text{Galileitransformation} & \text{Lorentztransformation} \\[2mm]
\bar{x} = x - v \cdot t & \bar{x} = k \cdot (x - v \cdot t) \\[2mm]
\bar{y} = y & \bar{y} = y \\[2mm]
\bar{z} = z & \bar{z} = z \\[2mm]
\bar{t} = t & \bar{t} = k \cdot \left(t - \dfrac{v \cdot x}{c^2} \right) \\[4mm]
 & k = \dfrac{1}{\sqrt{1 - \dfrac{v^2}{c^2}}}
\end{array}
$$

Die Lorentztransformation entspricht geometrisch einer Transformation eines kartesischen Koordinatensystems in ein schief-
winkeliges Koordinatensystem.

HINWEISE ZUR PROGRAMMGESTALTUNG

PROGRAMM 1

Nach dem Ausdruck der allgemeinen Formel für die Lorentztransformation (140 - 230) kann für das mit der Geschwindigkeit v
bewegte System eine Geschwindigkeit v < 0,999 c gewählt werden
(290). Falls die gewählte Geschwindigkeit zu groß ist, erfolgt
Rücksprung zur Eingabe.
Die Lorentztransformation wird für die gewünschte Geschwindigkeit angegeben (480 - 600). Die Koordinaten des ruhenden Systems
werden blau, die des bewegten Systems rot gezeichnet.

PROGRAMM 2

Der erste Teil dieses Programms (10 - 600) ist ident dem Programm 1.
Im Abschnitt 650 - 720 werden die Koordinaten (X1, Y1), (X2, Y2)
der Pfeilspitzen für die Achsen des schiefwinkeligen Koordinatensystems, sowie der Skalenfaktor F zum Zeichnen der Achsen
berechnet. (XA, YA), (XB, YB) sind die Koordinaten der Endpunkte
der Pfeilspitzen (690, 720). (AX, AT) und (BX, BT) sind die Koordinaten der Punkte A, B im bewegten System.
(XQ, YQ) sind die Koordinaten des Endpunktes der $\bar{x}$-Achse und
(YQ, XQ) die der $\bar{t}$-Achse, da beide Achsen stets symmetrisch zur
1. Mediane (Gleichung des Lichtstrahls, 1000) liegen.
Die Einheitspunkte haben im ruhenden System die Koordinaten
(85, 0) bzw. (0, 85). Entsprechend der Geschwindigkeit v betragen sie (K . 85, KV . 85) bzw. (KV . 85, K . 85) im bewegten System
(920, 980).
Ob die Beschriftung ober- oder unterhalb der Achse erfolgt, wird
durch die von der Geschwindigkeit v abhängige Variable R erreicht (650, 660).
Um die Koordinaten der Punkte A und B zeichnen zu können, müssen
ihre Koordinaten (AX, AT) sowie (BX, BT) - im bewegten System -
mit Hilfe der Umkehrtransformation (1180, 1190) in die des
ruhenden Systems umgewandelt werden. Die graphische Darstellung
der Punkte A und B sowie deren Koordinaten erfolgt im Abschnitt
1230 - 1310.

LORENTZTRANSFORMATION

```
  5 "LORENTZ 1":GOTO 50
 10 REM              * * *

 20 REM * LORENTZ - TRANSFORMATION *

 30 REM           * PROGRAMM 1 *

 40 REM              * * *
 50 CLEAR :TIME =0
 60 USING "##.##":CSIZE 2:COLOR 3
 70 TAB 5:LPRINT "LORENTZ -"
 80 LPRINT "  TRANSFORMATION":LF 2:COLOR 0
 90 LPRINT "     PROGRAMM 1"
100 LF 2:COLOR 2
110 REM              * * *

120 REM  * TRANSFORMATIONSFORMEL *

130 REM              * * *
140 LPRINT "-"
150 LPRINT "x = k.( x - v.t )":LF 1
160 LPRINT "-"
170 LPRINT "y = y":LF 1
180 LPRINT "-"
190 LPRINT "z = z":LF 1
200 LPRINT "-                2"
210 LPRINT "t = k.(t - v.x/c )"
220 LF 2:TAB 13:LPRINT "2   2"
230 LPRINT "k = 1/SQR (1 - v /c )"
240 LF 2:TAB 5
250 LPRINT "- - - -":LF 2:COLOR 1
260 BEEP 1,50,500:BEEP 2,70,400:BEEP 1,90,300
270 WAIT 150:PRINT "GESCHWINDIGKEIT V IST"
280 WAIT 150:PRINT "QUOTIENT VON C (zB. 3/5 c)"
290 INPUT "V=V*C ; V<=0.999 = ? : ";V
300 IF V<=0.999GOTO 330
310 BEEP 1,50,500:BEEP 2,70,400:BEEP 1,90,300
320 WAIT 150:PRINT "  V BITTE KLEINER !":GOTO 290
330 WAIT 10:PRINT "     GEDULD BITTE ! "
340 REM              * * *

350 REM  * BERECHNUNG DER FAKTOREN *

360 REM              * * *
370 K=1/SQR (1-V*V):KV=K*V:K=INT (100*K+0.5)/100
380 KV=INT (100*KV+0.5)/100
390 LPRINT "RUHEND. SYSTEM : I"
400 LF 1:COLOR 3
410 TAB 17:LPRINT "-"
420 LPRINT "BEWEGT. SYSTEM : I"
430 LF 1:TAB 3
440 LPRINT "V = ";V;" C":LF 2
```

LORENTZ –
TRANSFORMATION

PROGRAMM 1

$$\bar{x} = k.(x - v.t)$$

$$\bar{y} = y$$

$$\bar{z} = z$$

$$\bar{t} = k.(t - v.x/c^2)$$

$$k = 1/\sqrt{(1 - v^2/c^2)}$$

$- - - -$

RUHEND. SYSTEM : I

BEWEGT. SYSTEM : $\bar{\text{I}}$

$$V = 0.60\ C$$

$$\bar{x} = 1.25x - 0.75ct$$

$$\bar{y} = y$$

$$\bar{z} = z$$

$$\bar{t} = 1.25t - 0.75x/c$$

$$k = 1.25$$

$- - - - - - - -$

```
450 REM               * * *

460 REM        * TRANSFORMATION *

470 REM               * * *
480 LPRINT "-"
490 LPRINT "x ";
500 COLOR 1:LPRINT "=";K;"x-";KV;"ct"
510 COLOR 3:LPRINT "-"
520 LPRINT "y ";
530 COLOR 1:LPRINT "= y"
540 COLOR 3:LPRINT "-"
550 LPRINT "z ";
560 COLOR 1:LPRINT "= z"
570 COLOR 3:LPRINT "-"
580 LPRINT "t ";
590 COLOR 1:LPRINT "=";K;"t-";KV;"x/c":LF 1
600 TAB 3:LPRINT " k = ";K
610 LF 3:CSIZE 1:COLOR 0
620 TAB 10:LPRINT "- - - - - - - -":LF 3
630 REM              * * *

640 REM        * PROGRAMMDAUER *

650 REM              * * *
660 A=TIME :USING
670 A1=INT (A*100 ):A2=10000*A-100*A1
680 LPRINT "DAUER DES PROGRAMMLAUFES :"
690 LPRINT A1;" Minuten und";A2;" Sekunden"
700 LF 8
710 END


    STATUS 1 : 2036
    STATUS 1 (OHNE REM - ZEILEN ) : 1190
```

LORENTZTRANSFORMATION

```
  5 "LORENTZ 2":GOTO 50
 10 REM              * * *

 20 REM * LORENTZ - TRANSFORMATION *

 30 REM           * PROGRAMM 2 *

 40 REM             * * *
 50 CLEAR :TIME =0
 60 USING "##.##":CSIZE 2:COLOR 3
 70 TAB 5:LPRINT "LORENTZ -"
 80 LPRINT "  TRANSFORMATION":LF 2:COLOR 0
 90 LPRINT "     PROGRAMM 2"
100 LF 2:CSIZE 1:COLOR 2
110 REM             * * *

120 REM   * TRANSFORMATIONSFORMEL *

130 REM             * * *
140 TAB 5:LPRINT "-"
150 TAB 5:LPRINT "X = K . ( X - U . T )":LF 1
160 TAB 5:LPRINT "-"
170 TAB 5:LPRINT "Y = Y":LF 1
180 TAB 5:LPRINT "-"
190 TAB 5:LPRINT "Z = Z":LF 1
200 TAB 5:LPRINT "-                   2"
210 TAB 5:LPRINT "T = K . ( T - U . X / C  )"
220 LF 2:TAB 22:LPRINT "2   2"
230 TAB 5:LPRINT "K = 1 / SQR  ( 1 - v / c  )"
240 LF 2:TAB 15
250 LPRINT "- - - -":LF 2:COLOR 1
260 BEEP 1,50,500:BEEP 2,70,400:BEEP 1,90,300
270 WAIT 150:PRINT "GESCHWINDIGKEIT U IST"
280 WAIT 150:PRINT "QUOTIENT VON C (zB. 3/5 c)"
290 INPUT "U=U*C ; U<0.905 = ? : ";U
300 IF U<=0.905GOTO 330
310 BEEP 1,50,500:BEEP 2,70,400:BEEP 1,90,300
320 WAIT 150:PRINT "  U BITTE KLEINER !":GOTO 290
330 WAIT 10:PRINT "    GEDULD BITTE ! "
340 REM             * * *

350 REM   * BERECHNUNG DER FAKTOREN *

360 REM             * * *
370 K=1/SQR (1-U*U):KU=K*U:K=INT (100*K+0.5)/100
380 KU=INT (100*KU+0.5)/100
390 LPRINT "R U H E N D E S   S Y S T E M  :   I"
400 LF 1:COLOR 3
410 TAB 33:LPRINT "-"
420 LPRINT "B E W E G T E S   S Y S T E M  :   I"
430 LF 1:TAB 12
440 LPRINT "U = ";U;" C":LF 2
450 REM             * * *

460 REM      * TRANSFORMATION *

470 REM             * * *
480 TAB 5:LPRINT "-"
490 TAB 5:LPRINT "X ";
500 COLOR 1:LPRINT "=";K;" X -";KU;" C . T"
510 COLOR 3:TAB 5:LPRINT "-"
520 TAB 5:LPRINT "Y ";
530 COLOR 1:LPRINT "= Y"
```

LORENTZ – TRANSFORMATION

PROGRAMM 2

$$\dot{X} = K . (X - U . T)$$

$$\bar{Y} = Y$$

$$\bar{Z} = Z$$

$$\bar{T} = K . (T - U . X / C^2)$$

$$K = 1 / \sqrt{(1 - v^2 / c^2)}$$

$$- - - -$$

R U H E N D E S   S Y S T E M : I

B E W E G T E S   S Y S T E M : $\bar{I}$

$$U = 0.15 \ C$$

$$\bar{X} = 1.01 \ X - 0.15 \ C . T$$
$$\bar{Y} = Y$$
$$\bar{Z} = Z$$
$$\bar{T} = 1.01 \ T - 0.15 \ X / C$$

$$K = 1.01$$

ALS BEISPIEL WERDEN 2 PUNKTE A und B VON BEIDEN SYSTEMEN AUS BETRACHTET :

	x	t	$\bar{x}$	$\bar{t}$
A	1.00	1.25	0.82	1.11
B	1.50	1.00	1.36	0.78

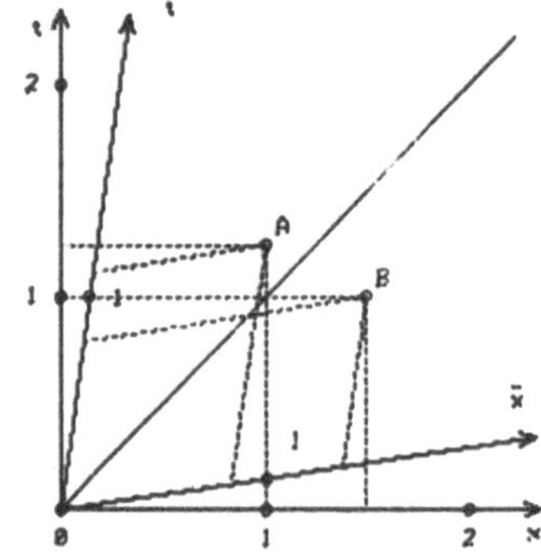

$\bar{x}, \ x \ \ldots$ 'n Lichtsekunden $(3.10^8 \ m)$

$\bar{t}, \ t \ \ldots$ 'n Sekunden

122

```
540 COLOR 3:TAB 5:LPRINT "-"
550 TAB 5:LPRINT "Z ";
560 COLOR 1:LPRINT "= Z"
570 COLOR 3:TAB 5:LPRINT "-"
580 TAB 5:LPRINT "T ";
590 COLOR 1:LPRINT "=";K;" T -";KU;" X / C":LF 1
600 TAB 8:LPRINT " K = ";K:LF 4:COLOR 2
610 REM              * * *

620 REM   * BERECHNUNG DER PFEIL -   *
630 REM   * SPITZEN U. SKALENFAKTOR *

640 REM              * * *
650 A=ATN U:D=90-A-23:F=100*U*U*U:R=1
660 IF U<0.2LET R=-1
670 X1=8*SIN D:Y1=8*COS D
680 XQ=(200+F)*COS A:YQ=(200+F)*SIN A
690 XA=XQ-X1:YA=YQ-Y1
700 E=A-23
710 X2=8*COS E:Y2=8*SIN E
720 XB=XQ-X2:YB=YQ-Y2
730 LPRINT "ALS BEISPIEL WERDEN 2 PUNKTE A und B"
740 LPRINT "VON BEIDEN SYSTEMEN AUS BETRACHTET :"
750 LF 2:COLOR 3
760 TAB 24:LPRINT "-       -":COLOR 0
770 TAB 7:LPRINT "x       t            ";
780 COLOR 3:LPRINT "x       t":LF 1:COLOR 0
790 AX=K-1.25*KU:AT=1.25*K-KU
800 BX=1.5*K-KU:BT=K-1.5*KU
810 LPRINT "A    1.00    1.25        ";AX;"   ";AT
820 LF 1
830 LPRINT "B    1.50    1.00        ";BX;"   ";BT
840 REM              * * *

850 REM    * GRAPH. DARSTELLUNG *

860 REM              * * *
870 GRAPH :GLCURSOR (15,-270):SORGN :CSIZE 1
880 LINE (0,0)-(XQ,YQ),0,3
890 LINE (XA,YA)-(XQ,YQ)-(XB,YB)
900 GLCURSOR (XQ-10,YQ-R*17):LPRINT "-"
910 GLCURSOR (XQ-10,YQ-(R*17+5)):LPRINT "x"
920 GLCURSOR ((K*85)-2,(KU*85)-2):LPRINT "o"
930 GLCURSOR ((K*85)+10,(KU*85)-R*13):LPRINT "1"
940 LINE (0,0)-(YQ,XQ)
950 LINE (YA,XA)-(YQ,XQ)-(YB,XB)
960 GLCURSOR (YQ-R*15,XQ+5):LPRINT "-"
970 GLCURSOR (YQ-R*15,XQ):LPRINT "t
980 GLCURSOR ((KU*85)-2,(K*85)-2):LPRINT "o"
990 GLCURSOR ((KU*85)-R*10,(K*85)-3):LPRINT "1"
1000 LINE (0,0)-(190,190),0,2
1010 LINE (-3,193)-(0,200)-(3,193),0,1
1020 GLCURSOR (-11,190):LPRINT "t"
1030 GLCURSOR (-14,83):LPRINT "1 o"
1040 GLCURSOR (-14,168):LPRINT "2 o"
1050 GLCURSOR (195,-12):LPRINT "x"
1060 LINE (0,200)-(0,0)-(200,0)
1070 GLCURSOR (-2,-2):LPRINT "o"
1080 GLCURSOR (-2,-14):LPRINT "0"
1090 GLCURSOR (83,-2):LPRINT "o"
1100 GLCURSOR (83,-14):LPRINT "1"
1110 GLCURSOR (168,-2):LPRINT "o"
1120 GLCURSOR (168,-14):LPRINT "2"
1130 LINE (193,3)-(200,0)-(193,-3):COLOR 0
```

**LORENTZ –
TRANSFORMATION**

PROGRAMM 2

$$\bar{X} = K \cdot (X - U \cdot T)$$

$$\bar{Y} = Y$$

$$\bar{Z} = Z$$

$$\bar{T} = K \cdot (T - U \cdot X / C^2)$$

$$K = 1 / \sqrt{(1 - U^2 / C^2)}$$

- - - -

RUHENDES SYSTEM : I

BEWEGTES SYSTEM : $\bar{\text{I}}$

$$U = 0.60\ C$$

$$\bar{X} = 1.25\ X - 0.75\ C \cdot T$$

$$\bar{Y} = Y$$

$$\bar{Z} = Z$$

$$\bar{T} = 1.25\ T - 0.75\ X / C$$

$$K = 1.25$$

```
1140 REM              * * *

1150 REM    * UMKEHRTRANSFORMATION  *
1160 REM    * FUER DIE PUNKTE A u.B *

1170 REM              * * *
1180 A1=KV*AT:A2=K*AT:A3=K*AX:A4=KV*AX
1190 B1=KV*BT:B2=K*BT:B3=K*BX:B4=KV*BX
1200 REM              * * *

1210 REM * DARSTELLUNG VON A und B *

1220 REM              * * *
1230 GLCURSOR (83,1.25*85-2):LPRINT "o"
1240 GLCURSOR (90,1.25*85+5):LPRINT "A"
1250 GLCURSOR (1.5*85-2,83):LPRINT "o"
1260 GLCURSOR (1.5*85+5,90):LPRINT "B"
1270 LINE (0,1.25*85)-(85,1.25*85)-(85,0),1,1
1280 LINE (0,85)-(1.5*85,85)-(1.5*85,0)
1290 LINE (85*A1,85*A2)-(85,1.25*85),1,3
1300 LINE (85,1.25*85)-(85*A3,85*A4)
1310 LINE (85*B1,85*B2)-(1.5*85,85)-(85*B3,85*B4)
1320 GLCURSOR (0,-50):TEXT :COLOR 0:CSIZE 1
1330 LPRINT "    -                    8"
1340 LPRINT "x, x ... in  Lichtsekunden (3.10  m)"
1350 LPRINT "    -"
1360 LPRINT "t, t ... in  Sekunden":LF 5
1370 TAB 10:LPRINT "- - - - - - - -":LF 3
1380 REM              * * *

1390 REM      * PROGRAMMDAUER *

1400 REM              * * *
1410 A=TIME :USING
1420 A1=INT (A*100):A2=10000*A-100*A1
1430 LPRINT "DAUER DES PROGRAMMLAUFES :"
1440 LPRINT A1;" Minuten und";A2;" Sekunden"
1450 LF 8
1460 END


     STATUS 1 : 4582
     STATUS 1 (OHNE REM - ZEILEN) : 3042
```


	x	t	$\bar{x}$	$\bar{t}$
A	1.00	1.25	0.31	0.81
B	1.50	1.00	1.12	0.12

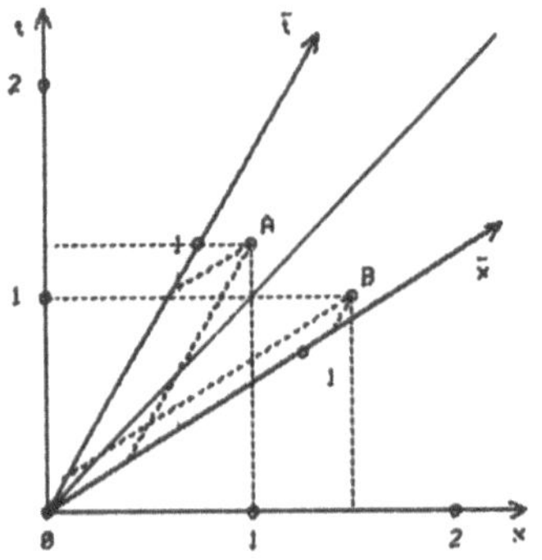

Siehe Farbanhang 7

14. RELATIVITÄTSTHEORIE

PROBLEMSTELLUNG

Bewegen sich zwei Inertialsysteme mit Geschwindigkeiten in der
Größenordnung der Lichtgeschwindigkeit relativ zueinander, so
wird der Zusammenhang der beiden Systeme durch die Lorentztransformation festgelegt.
Für beliebige Geschwindigkeiten wird die prozentuale Massenzunahme angegeben und die Längenkontraktion und Zeitdilatation
sowohl berechnet, als auch graphisch dargestellt.
Weiters wird die Feldstärkeänderung einer mit dieser Geschwindigkeit bewegten elektrischen Ladung simuliert.
In einem Diagramm wird der relativistische Ausdruck für die kinetische Energie mit dem der klassischen Physik verglichen.

PHYSIKALISCHE GRUNDLAGEN - PROGRAMMAUFBAU

Der Zusammenhang zweier relativ zueinander bewegter Inertialsysteme wird durch die Lorentztransformation festgelegt, soferne
es sich um Geschwindigkeiten von der Größenordnung der Lichtgeschwindigkeit handelt.
Ein mit der Geschwindigkeit v bewegter Gegenstand erscheint um
den Faktor $1/k = \sqrt{1 - v^2/c^2}$ (230, 240) in der Bewegungsrichtung
verkürzt. Diesen Effekt nennt man Lorentzkontraktion.
Ebenso gehen mit der Geschwindigkeit v bewegte Uhren um den
Faktor k langsamer als ruhende Uhren. Diese Erscheinung heißt
Zeitdilatation. Von der bewegten Uhr aus gesehen, geht die ur-
sprünglich ruhende Uhr langsamer.
Die Masse des mit der Geschwindigkeit v bewegten Körpers ist
durch die Beziehung $m_D = k \cdot m$ gegeben, wobei m_D die dynamische
Masse des Körpers und m die Ruhemasse ist.
Bei schnell bewegten elektrisch geladenen Teilchen wird ihr
Coulombfeld durch die Lorentzkontraktion verändert, was aus der
Stärke der Spur dieses Teilchens in einer Blasenkammer gesehen
werden kann.
Wegen der Massenzunahme erreicht die kinetische Energie höhere
Werte, als sie aufgrund der klassischen Physik annehmen sollte.
Es gilt: $E = m \cdot c^2 \cdot (k - 1) = (m_D - m) \cdot c^2$

Wird diese Energie als Funktion von v/c aufgetragen (1770 - 1820),
so erkennt man, daß der klassische Ausdruck E_k = m . v^2/2 für die
kinetische Energie nur für Geschwindigkeiten v < 0,2 c anwendbar
ist und für größere Geschwindigkeiten die relativistische Formel
verwendet werden muß.
Strebt die Geschwindigkeit v gegen die Lichtgeschwindigkeit, so
strebt die kinetische Energie gegen unendlich. Daher kann man
einen Körper nicht auf Lichtgeschwindigkeit beschleunigen, es
wäre nämlich unendliche Energie dazu erforderlich.

HINWEISE ZUR PROGRAMMGESTALTUNG

PROGRAMM 1
Als einzige veränderliche Anfangsbedingung wird die Geschwindigkeit v eingegeben. Im Falle der Eingabe einer Geschwindigkeit
> 0,99 c erfolgt Rücksprung zur Eingabe.
Im Abschnitt 230 - 270 werden die sich aus der Lorentztransformation ergebenden Faktoren k, 1/k, k . v berechnet. Ebenso der
gerundete prozentuale Betrag P1, um den jede Strecke in der Bewegungsrichtung verkürzt wird, sowie der Betrag P2 um den die
Zeit und die Masse gedehnt bzw. vergrößert wird.

PROGRAMM 2
Für Geschwindigkeiten v $\leq$ 0,905 c wird die Lorentztransformation graphisch dargestellt (530).
ation graphisch dargestellt.
Im Abschnitt 580 - 640 werden die Koordinaten (X1, Y1), (X2, Y2)
der Pfeilspitzen, sowie Achsen des schiefwinkeligen Koordinatensystems, sowie der Skalenfaktor F zum Zeichnen der Achsen berechnet.
(XA, YA), (XB, YB) sind die Koordinaten der Endpunkte der Pfeilspitzen (620, 640).
(XQ, YQ) sind die Koordinaten des Endpunktes der $\bar{x}$-Achse und
(YQ, XQ) die der $\bar{t}$-Achse, da beide Achsen stets symmetrisch zur
ersten Mediane (Gleichung des Lichtstrahls) liegen.
Die Einheitspunkte haben im ruhenden System die Koordinaten
(85, 0) bzw. (0, 85). Entsprechend der Geschwindigkeit v betragen
sie (K . 85, KV . 85) bzw. (KV . 85, K . 85) im bewegten System (920,
980).

Ob die Beschriftung ober- oder unterhalb der Achse erfolgt, wird
durch die von der Geschwindigkeit v abhängige Variable R erreicht (580, 590).
Aus den 4 Parallelen (940 - 980) zu den Koordinatenachsen läßt
sich das symmetrische Verhalten von Lorentzkontraktion und Zeitdilatation erkennen. Für Geschwindigkeiten v > 0,75 c unterbleibt
das Zeichnen der Parallelen zur $\bar{x}$-Achse (950).
Die Feldlinien des geladenen Teilchens werden durch die Verbind-
dung diametraler Kreispunkte dargestellt. Dies geschieht mit der
Schleife 1270 - 1300, wobei der Kreisradius 54 Einheiten und die
Schrittweite 6 Grad beträgt.
Die Darstellung des kontrahierten Feldes wird bei sonst analoger
Vorgangsweise durch Verkürzung der jeweiligen x-Koordinaten um
den Faktor KK = 1/K (1290) erreicht.
Das für den Energievergleich notwendige Koordinatensystem wird
im Abschnitt 1500 bis 1650 festgelegt.
Die klassische Kurve E = m . v^2/2 wird durch die Befehle 1690 -
1730 und die relativistische Kurve durch die Befehle 1770 - 1820
gezeichnet.
Eine Abfrage in 1800 ist die entsprechende Abbruchbedingung.

RELATIVITAETSTHEORIE

```
  5 "RELATIVITAET 1":GOTO 50
 10 REM              * * *

 20 REM    * RELATIVITAETSTHEORIE *

 30 REM          * PROGRAMM 1 *

 40 REM               * * *
 50 CLEAR :TIME =0
 60 USING "##.##":CSIZE 2:COLOR 3
 70 TAB 2:LPRINT "RELATIVITAETS -"
 80 TAB 6:LPRINT "THEORIE":LF 2:COLOR 0
 90 LPRINT "     PROGRAMM 1":LF 2:CSIZE 1:COLOR 2
100 LPRINT "FUER EIN MIT DER GESCHWINDIGKEIT v"
110 LPRINT "BEWEGTES SYSTEM WIRD DER ZUSAMMEN -"
120 LPRINT "HANG ZWISCHEN LAENGE, MASSE UND ZEIT"
130 LPRINT "DARGESTELLT.":LF 4:COLOR 3
140 BEEP 1,50,500:BEEP 2,70,400:BEEP 1,90,300
150 WAIT 150:PRINT "GESCHWINDIGKEIT v IST"
160 WAIT 150:PRINT "QUOTIENT VON c (zB. 3/5 c)"
170 INPUT "v = v * c ; v<0.99 = ? ";V
180 IF V>0.99GOTO 170
190 WAIT 1:PRINT "       GEDULD BITTE !"
200 REM              * * *

210 REM   * BERECHNUNG DER FAKTOREN *

220 REM              * * *
230 K=1/SQR (1-V*V):KV=K*V:K=INT (100*K+0.5)/100
240 KK=1/K
250 KV=INT (100*KV+0.5)/100
260 P1=(1-KK)*100:P1=INT (P1+0.5)
270 P2=(K-1)*100:P2=INT (P2+0.5)
280 REM              * * *

290 REM          * TABELLE *

300 REM              * * *
310 LPRINT "RUHENDES SYSTEM      BEWEGTES SYSTEM"
320 LF 1:TAB 5
330 LPRINT "v = 0             v = ";V;" c"
340 LF 1:COLOR 0:TAB 10
350 LPRINT "LAENGENKONTRAKTION"
360 LF 1:USING "###"
370 LPRINT "VERKUERZUNG UM";P1;" %"
380 LF 1:USING "##.##"
390 LPRINT " LAENGE :  1.00      LAENGE : ";KK
400 LPRINT " LAENGE : ";K;"      LAENGE :  1.00"
410 LF 1:TAB 10
420 LPRINT "ZEITDILATATION":LF 1:USING "####"
430 LPRINT "ZEITDEHNUNG UM";P2;" %"
440 LF 1:USING "##.##"
450 LPRINT " ZEIT    :  1.00      ZEIT    : ";K
460 LPRINT " ZEIT    : ";KK;"      ZEIT    :  1.00"
470 LF 1:TAB 10
480 LPRINT "DYNAMISCHE MASSE":LF 1:USING "####"
490 LPRINT "MASSENZUNAHME UM";P2;" %"
500 LF 1:USING "##.##"
510 LPRINT " MASSE   :  1.00      MASSE   : ";K
520 LPRINT " MASSE   : ";KK;"      MASSE   :  1.00"
530 END


    STATUS 1 : 1766
    STATUS 1 (OHNE REM - ZEILEN) : 1278
```

RELATIVITAETS -
THEORIE

PROGRAMM 1

FUER EIN MIT DER GESCHWINDIGKEIT v
BEWEGTES SYSTEM WIRD DER ZUSAMMEN -
HANG ZWISCHEN LAENGE, MASSE UND ZEIT
DARGESTELLT.

```
RUHENDES SYSTEM      BEWEGTES SYSTEM

     v = 0              v = 0.99 c

          LAENGENKONTRAKTION

VERKUERZUNG UM 86 %

    LAENGE :  1.00      LAENGE :  0.14
    LAENGE :  7.09      LAENGE :  1.00

            ZEITDILATATION

ZEITDEHNUNG UM 609 %

    ZEIT   :  1.00      ZEIT   :  7.09
    ZEIT   :  0.14      ZEIT   :  1.00

           DYNAMISCHE MASSE

MASSENZUNAHME UM 609 %

    MASSE  :  1.00      MASSE  :  7.09
    MASSE  :  0.14      MASSE  :  1.00
```

RELATIVITAETSTHEORIE

```
  5 "RELATIVITAET 2":GOTO 50
 10 REM              * * *

 20 REM    * RELATIVITAETSTHEORIE *

 30 REM           * PROGRAMM 2 *

 40 REM              * * *
 50 CLEAR :TIME =0
 60 USING "##.##":CSIZE 2:COLOR 3
 70 TAB 2:LPRINT "RELATIVITAETS -"
 80 TAB 6:LPRINT "THEORIE":LF 2:COLOR 0
 90 LPRINT "     PROGRAMM 2":LF 2:CSIZE 1:COLOR 2
100 LPRINT "FUER EIN MIT DER GESCHWINDIGKEIT v"
110 LPRINT "BEWEGTES SYSTEM WIRD DER ZUSAMMEN -"
120 LPRINT "HANG ZWISCHEN LAENGE, MASSE UND ZEIT"
130 LPRINT "DARGESTELLT.":LF 4:COLOR 3
140 BEEP 1,50,500:BEEP 2,70,400:BEEP 1,90,300
150 WAIT 150:PRINT "GESCHWINDIGKEIT v IST"
160 WAIT 150:PRINT "QUOTIENT VON c (zB. 3/5 c)"
170 INPUT "v = v * c ; v<0.99 = ? ";V
180 IF V>0.99GOTO 170
190 WAIT 1:PRINT "     GEDULD BITTE !"
200 REM              * * *

210 REM   * BERECHNUNG DER FAKTOREN *

220 REM              * * *
230 K=1/SQR (1-V*V):KV=K*V:K=INT (100*K+0.5)/100
240 KK=1/K
250 KV=INT (100*KV+0.5)/100
260 P1=(1-KK)*100:P1=INT (P1+0.5)
270 P2=(K-1)*100:P2=INT (P2+0.5)
280 REM              * * *

290 REM          * TABELLE *

300 REM              * * *
310 LPRINT "RUHENDES SYSTEM     BEWEGTES SYSTEM"
320 LF 1:TAB 5
330 LPRINT "v = 0           v = ";V;" c"
340 LF 1:COLOR 0:TAB 10
350 LPRINT "LAENGENKONTRAKTION"
360 LF 1:USING "###"
370 LPRINT "VERKUERZUNG UM";P1;" %"
380 LF 1:USING "##.##"
390 LPRINT " LAENGE :   1.00       LAENGE : ";KK
400 LPRINT " LAENGE : ";K;"       LAENGE :   1.00"
410 LF 1:TAB 10
420 LPRINT "ZEITDILATATION":LF 1:USING "###"
430 LPRINT "ZEITDEHNUNG UM";P2;" %"
440 LF 1:USING "##.##"
450 LPRINT " ZEIT    :   1.00       ZEIT    : ";K
460 LPRINT " ZEIT    : ";KK;"       ZEIT    :   1.00"
470 LF 1:TAB 10
480 LPRINT "DYNAMISCHE MASSE":LF 1:USING "###"
490 LPRINT "MASSENZUNAHME UM";P2;" %"
500 LF 1:USING "##.##"
510 LPRINT " MASSE   :   1.00       MASSE   : ";K
520 LPRINT " MASSE   : ";KK;"       MASSE   :   1.00"
530 IF V>0.905GOTO 1050
```

RELATIVITAETS – THEORIE

PROGRAMM 2

FUER EIN MIT DER GESCHWINDIGKEIT v
BEWEGTES SYSTEM WIRD DER ZUSAMMEN -
HANG ZWISCHEN LAENGE, MASSE UND ZEIT
DARGESTELLT.

RUHENDES SYSTEM	BEWEGTES SYSTEM
v = 0	v = 0.35 c

LAENGENKONTRAKTION

VERKUERZUNG UM   7 %

LAENGE :	1.00	LAENGE :	0.93
LAENGE :	1.07	LAENGE :	1.00

ZEITDILATATION

ZEITDEHNUNG UM   7 %

ZEIT :	1.00	ZEIT :	1.07
ZEIT :	0.93	ZEIT :	1.00

DYNAMISCHE MASSE

MASSENZUNAHME UM   7 %

MASSE :	1.00	MASSE :	1.07
MASSE :	0.93	MASSE :	1.00

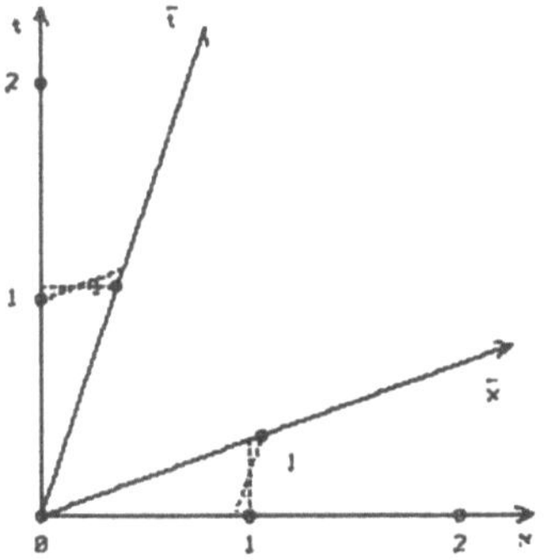

x, x̄ ... in Lichtsekunden (3.10^8 m)

t, t̄ ... in Sekunden

```
540 REM              * * *

550 REM  * BERECHNUNG DER PFEIL -  *
560 REM  * SPITZEN U. SKALENFAKTOR *

570 REM              * * *
580 A=ATN V:D=90-A-23:F=100*V*V*V:R=1
590 IF V<0.2LET R=-1
600 X1=8*SIN D:Y1=8*COS D
610 XQ=(200+F)*COS A:YQ=(200+F)*SIN A
620 XA=XQ-X1:YA=YQ-Y1:E=A-23
630 X2=8*COS E:Y2=8*SIN E
640 XB=XQ-X2:YB=YQ-Y2
650 REM              * * *

660 REM   * GRAPH. DARSTELLUNG *

670 REM              * * *
680 GRAPH :GLCURSOR (15,-255):SORGN :CSIZE 1
690 LINE (0,0)-(XQ,YQ),0,3
700 LINE (XA,YA)-(XQ,YQ)-(XB,YB)
710 GLCURSOR (XQ-10,YQ-R*17):LPRINT "-"
720 GLCURSOR (XQ-10,YQ-(R*17+5)):LPRINT "x"
730 GLCURSOR ((K*85)-2,(KV*85)-2):LPRINT "o"
740 GLCURSOR ((K*85)+10,(KV*85)-R*13):LPRINT "1"
750 LINE (0,0)-(YQ,XQ)
760 LINE (YQ,XQ)-(YB,XB)
770 GLCURSOR (YQ-R*15,XQ+5):LPRINT "-"
780 GLCURSOR (YQ-R*15,XQ):LPRINT "t"
790 GLCURSOR ((KV*85)-2,(K*85)-2):LPRINT "o"
800 GLCURSOR ((KV*85)-R*10,(K*85)-3):LPRINT "1"
810 LINE (-3,193)-(0,200)-(3,193),0,1
820 GLCURSOR (-11,190):LPRINT "t"
830 GLCURSOR (-14,83):LPRINT "1 o"
840 GLCURSOR (-14,168):LPRINT "2 o"
850 GLCURSOR (195,-12):LPRINT "x"
860 LINE (0,200)-(0,0)-(200,0)
870 GLCURSOR (-2,-2):LPRINT "o"
880 GLCURSOR (-2,-14):LPRINT "0"
890 GLCURSOR (83,-2):LPRINT "o"
900 GLCURSOR (83,-14):LPRINT "1"
910 GLCURSOR (168,-2):LPRINT "o"
920 GLCURSOR (168,-14):LPRINT "2"
930 LINE (193,3)-(200,0)-(193,-3):COLOR 0
940 LINE (KK*85,0)-(K*85,KV*85),1,2
950 IF V>0.75GOTO 970
960 LINE (0,85)-(KV*K*85,K*K*85)
970 LINE (0,K*85)-(KV*85,K*85)
980 LINE (85,0)-(85,V*85)
990 GLCURSOR (0,-50):TEXT :COLOR 0:CSIZE 1
1000 LPRINT "    -                          8"
1010 LPRINT "x, x ... in Lichtsekunden (3.10  m)"
1020 LPRINT "    -"
1030 LPRINT "t, t ... in Sekunden"
1040 LF 5:COLOR 2:GOTO 1140
1050 LF 2:COLOR 3
1060 LPRINT "FUER DIESE GROSSE GESCHWINDIGKEIT"
1070 LPRINT "KANN KEINE GRAPHISCHE DARSTELLUNG"
1080 LPRINT "AUSGEFUEHRT WERDEN !":LF 3:COLOR 2
```

DAS ELEKTRISCHE FELD EINES RASCH BEWEGTEN TEILCHENS WIRD DURCH DIE LORENTZKONTRAKTION VERAENDERT.

SENKRECHT ZUR BEWEGUNGSRICHTUNG ZEIGT DIE ERHOEHTE FELDLINIEN - DICHTE GROESSERE FELDSTAERKE AN !

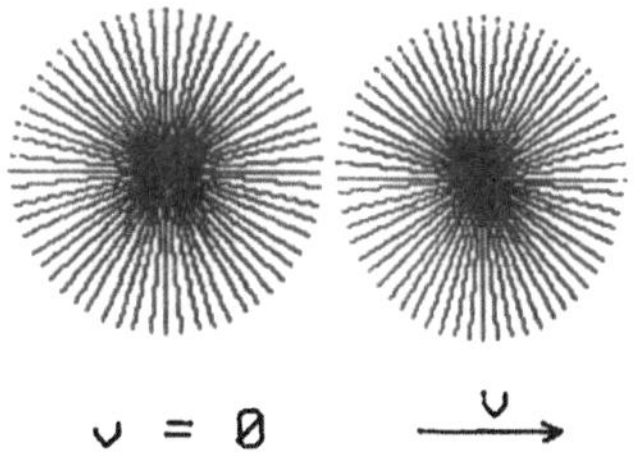

VERGLEICH DES RELATIVISTISCHEN AUSDRUCKS FUER DIE KINETISCHE ENERGIE EINES TEILCHENS MIT DEN VORHERSAGEN DER THEORIE NACH NEWTON.

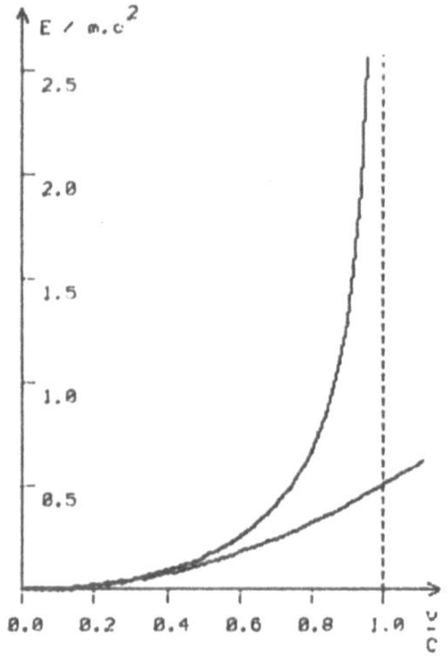

KLASSISCH   ----------

RELATIVISTISCH ----------

DAUER DES PROGRAMMLAUFES :
6 Minuten und 32 Sekunden

```
1090 REM              * * *

1100 REM * E-FELDAENDERUNG EINES   *
1110 REM * SCHNELL BEWEGTEN ELEKTR.*
1120 REM * GELADENEN TEILCHENS     *

1130 REM              * * *
1140 LPRINT "DAS ELEKTRISCHE FELD EINES RASCH"
1150 LPRINT "BEWEGTEN TEILCHENS WIRD DURCH DIE"
1160 LPRINT "LORENTZKONTRAKTION VERAENDERT."
1170 LF 1
1180 LPRINT "SENKRECHT ZUR BEWEGUNGSRICHTUNG"
1190 LPRINT "ZEIGT DIE ERHOEHTE FELDLINIEN -"
1200 LPRINT "DICHTE GROESSERE FELDSTAERKE AN !"
1210 GRAPH :GLCURSOR (55,-80):SORGN
1220 FOR I=0TO 174STEP 6
1230 CI=54*COS I:SI=54*SIN I
1240 LINE (CI,SI)-(-CI,-SI),0,0
1250 NEXT I
1260 GLCURSOR (110,0):SORGN
1270 FOR I=0TO 174STEP 6
1280 CI=54*COS I:SI=54*SIN I
1290 LINE (KK*CI,SI)-(-KK*CI,-SI),0,0
1300 NEXT I
1310 COLOR 3:GLCURSOR (-135,-85)
1320 LPRINT "v = 0"
1330 GLCURSOR (-2,-75):LPRINT "v"
1340 LINE (-25,-80)-(25,-80),0,3
1350 LINE (18,-77)-(25,-80)-(18,-83)
1360 GLCURSOR (-165,-130):TEXT :CSIZE 1:COLOR 2
1370 REM              * * *

1380 REM  * ENERGIE - VERGLEICH *

1390 REM              * * *
1400 LPRINT "VERGLEICH DES RELATIVISTISCHEN "
1410 LPRINT "AUSDRUCKS FUER DIE KINETISCHE"
1420 LPRINT "ENERGIE EINES TEILCHENS MIT"
1430 LPRINT "DEN VORHERSAGEN DER THEORIE"
1440 LPRINT "NACH NEWTON."
1450 GRAPH :GLCURSOR (7,-300):SORGN
1460 USING "##.#":CSIZE 1
1470 REM              * * *

1480 REM   * KOORDINATENSYSTEM *

1490 REM              * * *
1500 LINE (-3,273)-(0,280)-(3,273),0,0
1510 LINE (0,280)-(0,0)-(210,0)
1520 LINE (203,3)-(210,0)-(203,-3),0,0
1530 FOR I=50TO 250STEP 50
1540 LINE (0,I)-(7,I):GLCURSOR (5,I-10)
1550 LPRINT I/100
1560 NEXT I
1570 GLCURSOR (10,268):LPRINT "E / m.c"
1580 GLCURSOR (53,275):LPRINT "2"
1590 FOR I=0TO 180STEP 36
1600 LINE (I,0)-(I,-7):GLCURSOR (I-12,-20)
1610 LPRINT I/180
1620 NEXT I
1630 GLCURSOR (203,-15):LPRINT "v"
1640 GLCURSOR (203,-22):LPRINT "-"
1650 GLCURSOR (203,-30):LPRINT "c"
```

RELATIVITAETS -
THEORIE

PROGRAMM 2

FUER EIN MIT DER GESCHWINDIGKEIT v
BEWEGTES SYSTEM WIRD DER ZUSAMMEN -
HANG ZWISCHEN LAENGE, MASSE UND ZEIT
DARGESTELLT.

```
RUHENDES SYSTEM      BEWEGTES SYSTEM

     v = 0             v = 0.95 c

        LAENGENKONTRAKTION

VERKUERZUNG UM 69 %

   LAENGE :   '.00     LAENGE :   0.31
   LAENGE :   3.20     LAENGE :   '.00

         ZEITDILATATION

ZEITDEHNUNG UM 220 %

   ZEIT   :   '.00     ZEIT   :   3.20
   ZEIT   :   0.31     ZEIT   :   '.00

         DYNAMISCHE MASSE

MASSENZUNAHME UM 220 %

   MASSE  :   '.00     MASSE  :   3.20
   MASSE  :   0.31     MASSE  :   '.00


FUER DIESE GROSSE GESCHWINDIGKEIT
KANN KEINE GRAPHISCHE DARSTELLUNG
AUSGEFUEHRT WERDEN !
```

```
1660 REM            * * *

1670 REM    * KLASSISCHE KURVE *

1680 REM            * * *
1690 X=0:DX=0.02:GLCURSOR (0,0)
1700 E=X*X/2
1710 LINE -(X*180,E*100),0,1
1720 IF X>1.1GOTO 1770
1730 X=X+DX:GOTO 1700
1740 REM            * * *

1750 REM   * RELATIVISTISCHE KURVE *

1760 REM            * * *
1770 GLCURSOR (0,0):X=0
1780 EE=1/SQR (1-X*X)-1
1790 LINE -(X*180,EE*100),0,3
1800 IF X>0.94GOTO 1820
1810 X=X+DX:GOTO 1780
1820 LINE (180,260)-(180,0),2,2
1830 GLCURSOR (-5,-60):TEXT :CSIZE 1:COLOR 0
1840 TAB 2:LPRINT "KLASSISCH        ";:COLOR 1
1850 LPRINT "  ----------":LF 1:COLOR 0
1860 TAB 2:LPRINT "RELATIVISTISCH ";:COLOR 3
1870 LPRINT "  ----------":LF 4:COLOR 0
1880 TAB 10:LPRINT "- - - - - - - -":LF 3
1890 REM            * * *

1900 REM        * PROGRAMMDAUER *

1910 REM            * * *
1920 A=TIME :USING
1930 A1=INT (A*100):A2=10000*A-100*A1
1940 LPRINT "DAUER DES PROGRAMMLAUFES :"
1950 LPRINT A1;" Minuten und";A2;" Sekunden"
1960 LF 8
1970 END


     STATUS 1 : 6013
     STATUS 1 (OHNE REM - ZEILEN) : 4184
```

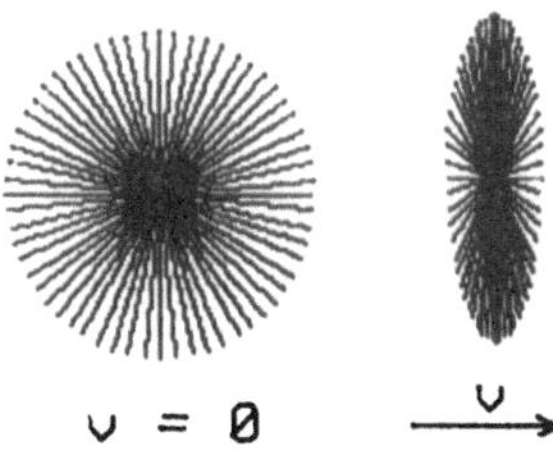

VERGLEICH DES RELATIVISTISCHEN
AUSDRUCKS FUER DIE KINETISCHE
ENERGIE EINES TEILCHENS MIT
DEN VORHERSAGEN DER THEORIE
NACH NEWTON.

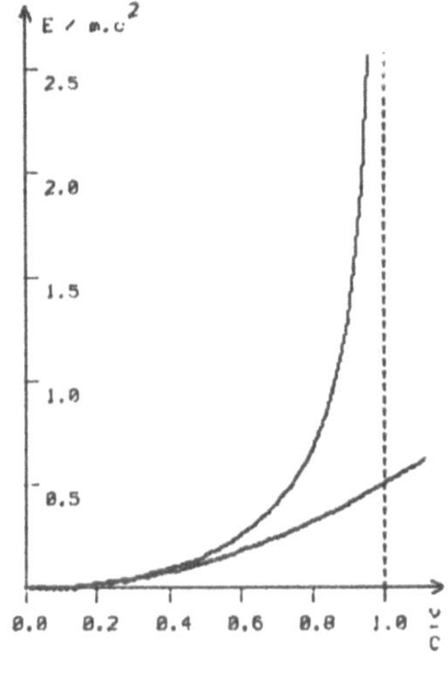

DAUER DES PROGRAMMLAUFES :
5 Minuten und 38 Sekunden

Siehe Farbanhang 7,8

15. LEISTUNG - WECHSELSTROM

PROBLEMSTELLUNG

Die Leistung des elektrischen Stromes ist bei konstanter Frequenz außer von Spannung und Stromstärke wesentlich von der Phasenverschiebung zwischen diesen beiden abhängig.

Für beliebige Effektivwerte von Spannung und Stromstärke, sowie den entsprechenden Phasenwinkel, werden die jeweiligen Scheitelwerte berechnet, sowie Leistungsfaktor, Blind- und Wirkstrom, Blind- und Wirkleistung berechnet.

Weiters wird die Dimensionierung des entsprechenden Bauteils zur Kompensation der Phase angegeben und die entsprechenden Kurven gezeichnet.

PHYSIKALISCHE GRUNDLAGEN - PROGRAMMAUFBAU

Sind in einem Stromkreis kapazitive und induktive Widerstände enthalten, so tritt im allgemeinen zwischen Stromstärke und Spannung eine Phasenverschiebung auf.

Es gilt: $U = U_s \cdot \sin \omega \cdot t$ $I = I_s \cdot \sin (\omega \cdot t + \phi)$.

Die Leistung im Zeitpunkt t ist gegeben durch

$$P_{(t)} = U_{(t)} \cdot I_{(t)}$$

Der über eine ganze Zahl von Perioden gebildete zeitliche Mittelwert der Leistung eines Wechselstroms heißt Wirkleistung P.

$$P = U_{eff} \cdot I_{eff} \cdot \cos \phi$$

$$U_s = \sqrt{2} \cdot U_{eff} \qquad I_s = \sqrt{2} \cdot I_{eff}$$

U_s, I_s ... Scheitelwerte von Spannung und Stromstärke
U_{eff}, I_{eff} ... Effektivwerte von Spannung und Stromstärke

Der Faktor $\cos \phi$ heißt Leistungsfaktor, $S = U_{eff} \cdot I_{eff}$ heißt Scheinleistung.

An induktiven und kapazitiven Widerständen ist die Wirkleistung null, sie heißen daher Blindwiderstände ($\phi = \pm 90^{\circ}$, $\cos \phi = 0$).
Der durch sie fließende Strom heißt Blindstrom.
Für die Blindleistung gilt $Q = U \cdot I \cdot \sin \phi$.

Widerstände, für die cos ϕ = 1 ist, heißen Verlustwiderstände
oder Wirkwiderstände. Der durch sie fließende Strom heißt Wirkstrom.

Da im allgemeinen der Phasenwinkel ϕ zwischen 0° und 90° liegt,
werden in einem Wechselstromkreis beide Stromkomponenten auftre-
ten.

Weil der Blindstrom das Stromnetz in unerwünschter Weise bela-
stet - Energieverluste an allen Leitungswiderständen - ist man
bestrebt, die Phasenverschiebung zu kompensieren. Dies geschieht
mit Hilfe sogenannter Kompensationsdrosseln bzw. Phasenschiebe-
kondensatoren.

HINWEISE ZUR PROGRAMMGESTALTUNG

PROGRAMM 1

Nach Eingabe der Effektivwerte von Spannung U, Stromstärke I,
sowie Eingabe des Phasenwinkels F werden die entsprechenden
Scheitelwerte IS, US berechnet (190).
FC ist der Leistungsfaktor (Wirkleistung) zur Berechnung des
Wirkstromes IW.
FS ist der Blindleistungsfaktor zur Berechnung des Blindstromes
IB (200 - 230).
Mit Hilfe der Formel $C = \dfrac{I_b}{\omega \cdot U}$ und $L = \dfrac{U}{\omega \cdot I_b}$ wird die Größe
der Kapazität bzw. der Induktivität zur Phasenkompensation be-
rechnet (250, 260).
Da die Angabe des Kondensators in μF üblich ist, wird vor der
Ausgabe von C mit dem Faktor 1 000 000 multipliziert.

PROGRAMM 2

Der Abschnitt 10 - 840 dieses Programms ist im wesentlichen
ident dem Programm 1.
Die Variable M (470 - 520) wird als Skalenfaktor zum Zeichnen
des Wirkstromes (1100, 1110) und des Blindstromes (530) im Zei-
gerdiagramm verwendet.
Im Abschnitt 970 - 1260 wird das Zeigerdiagramm gezeichnet.
In 1010 - 1040 werden die Koordinaten der Pfeilspitzen für den
Effektivwert der Stromstärke (1160, 1170) berechnet.

Durch die Befehle 980 - 1000 werden die einzelnen Pfeile beschriftet.

Die Spannung U_{eff} wird in 1070 und 1080 graphisch dargestellt
und die Wirkstromkomponente in 1100 und 1110, die Blindstromkom-
ponente in 1130 und 1140.

Der Kreisbogen für den Phasenwinkel ϕ wird durch die Schleife
1200 - 1220 gezeichnet.

Die Beschriftung der Koordinaten für die Darstellung der Strom-,
Spannungs- und Leistungskurve erfolgt in 1320 - 1540.

Für diese Kurven sind die Amplituden fest vorgegeben. Die jeweilige Beschriftung erfolgt aber entsprechend der Eingabe.

PROGRAMM 1

START
"LEISTUNG"
TEXT
BEEP
U
I
F
DISPLAY
IS:=I.√2   US:=U.√2
FC:=COS F   FS:=SIN F
IW:=I.FC   IB:=I.FS
F=O OR F=180
JA
C:=IB/(U.50.2.π)
L:=U/(IB.50.2.π)
"Ueff"; U
"Ieff"; I
"FREQUENZ.."
1
1
F
US, IS
ABS FC
F > O
JA
K$="KAP.."
F = O
JA
F < O
JA
K$="IND.."
K$
ABS IB
ABS F = 90
JA
2
X

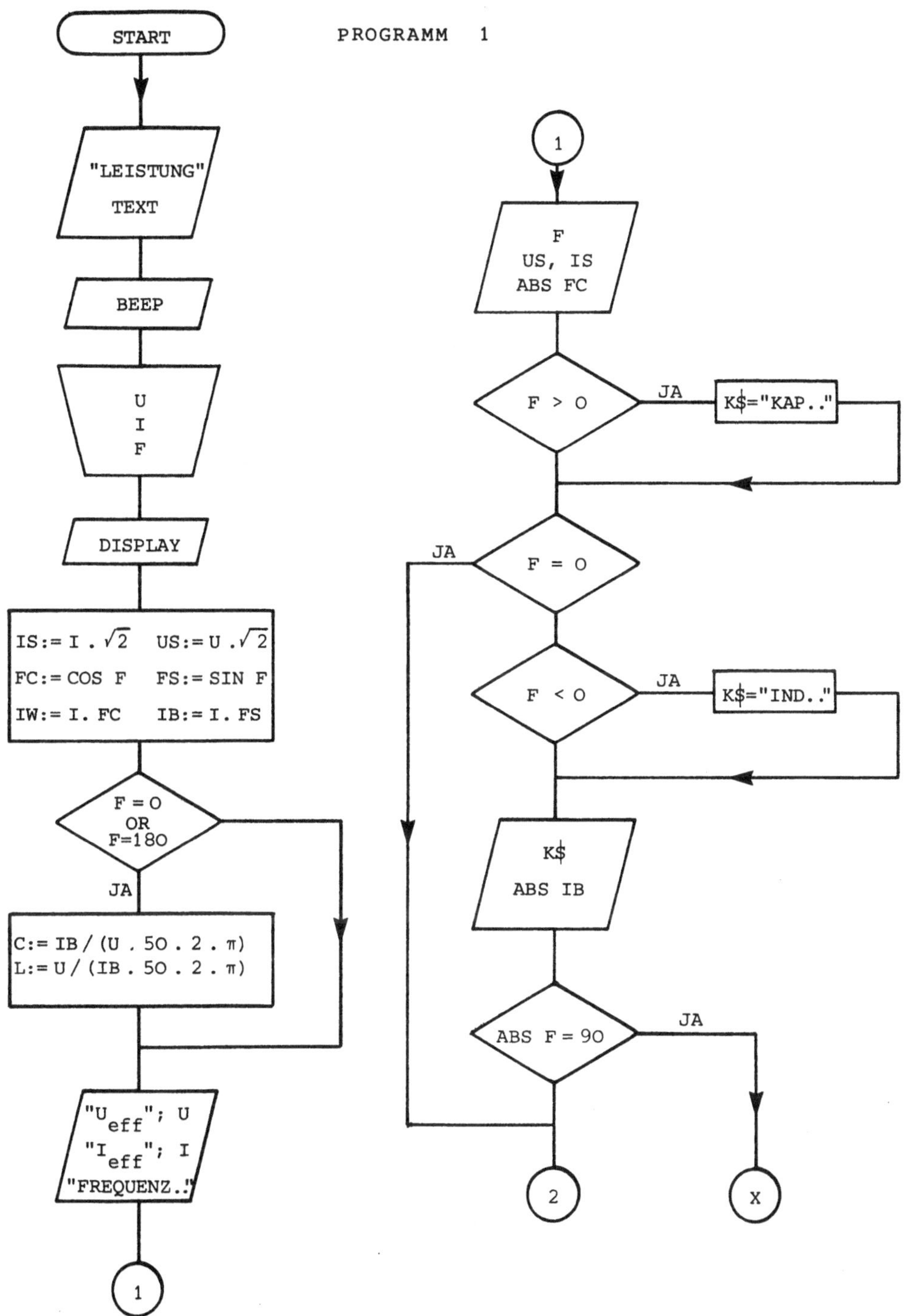

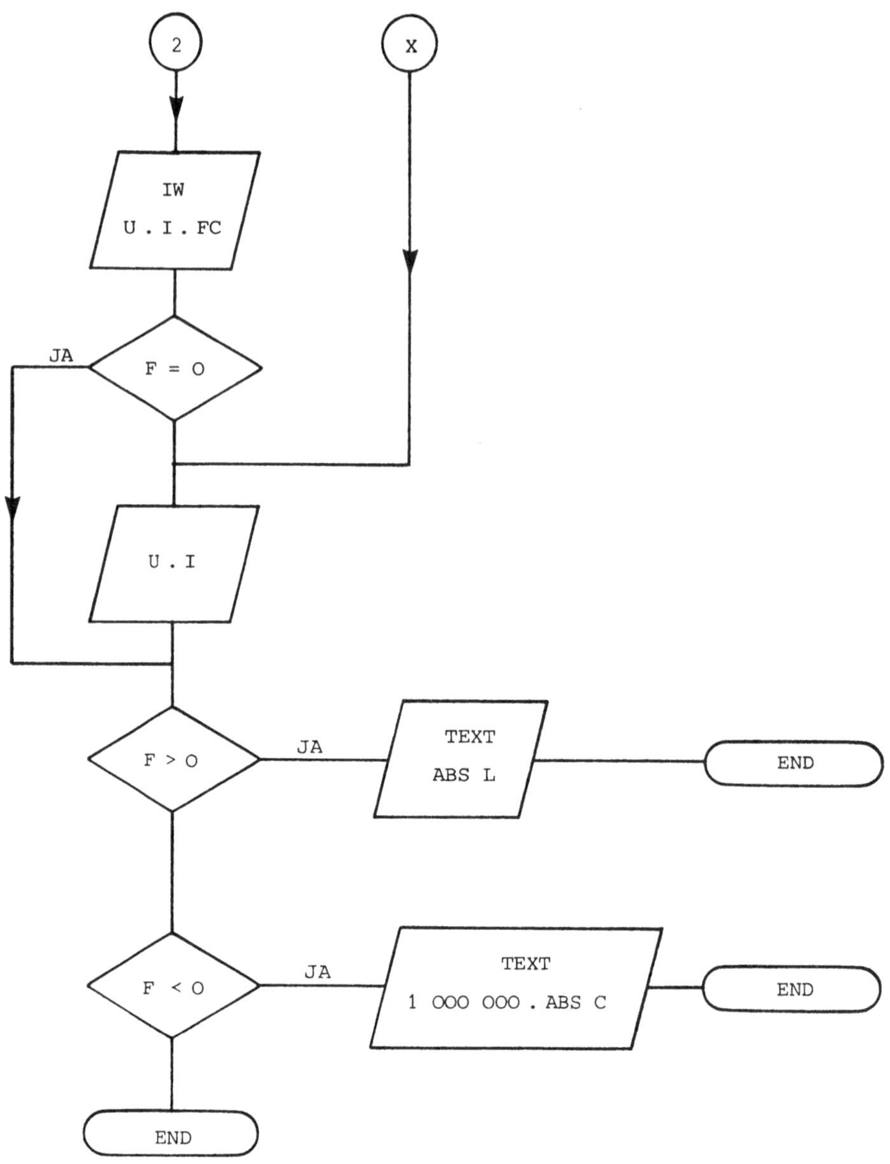

2
X
IW
U . I . FC
JA
F = O
U . I
F > O
JA
TEXT
ABS L
END
F < O
JA
TEXT
1 OOO OOO . ABS C
END
END

```
  5 "LEISTUNG 1":GOTO 50
 10 REM              * * *

 20 REM       * LEISTUNG *

 30 REM       * PROGRAMM 1 *

 40 REM              * * *
 50 "L":CLEAR :TIME =0:CSIZE 4:COLOR 3
 60 LPRINT " LEISTUNG":CSIZE 2
 70 LPRINT "  - WECHSELSTROM -":LF 1:COLOR 0
 80 LPRINT "      PROGRAMM 1":LF 1:CSIZE 1
 90 COLOR 2:CSIZE 1
100 LPRINT "P (t) = U (t) * I (t)"
110 LF 1
120 LPRINT "P = U eff * I eff * cos Phi"
130 LF 2:COLOR 0
140 BEEP 1,50,500:BEEP 2,70,400:BEEP 1,90,300
150 INPUT "SPANNUNG Ueff (V) : ";U
160 INPUT "STROMSTAERKE Ieff (A) : ";I
170 INPUT "PHASENWINKEL Phi : ";F
180 WAIT 10:PRINT "      GEDULD BITTE !"
190 IS=I*SQR 2:US=U*SQR 2
200 FC=COS F
210 FS=SIN F
220 IW=I*FC
230 IB=I*FS
240 IF F=0OR F=180GOTO 300
250 C=IB/(U*50*2*PI )
260 L=U/(IB*50*2*PI )
270 REM              * * *

280 REM         * DATEN *

290 REM              * * *
300 LPRINT "SPANNUNG U eff :";
310 TAB 20:LPRINT USING "#####.#";U;" Volt"
320 LPRINT "STROMSTAERKE I eff :";
330 TAB 20:LPRINT USING "#####.#";I;" Ampere"
340 LPRINT "FREQUENZ f :            50.0 Hertz"
350 LPRINT "PHASENWINKEL Phi : ";
360 TAB 21:LPRINT USING "####.#";F;" Grad"
370 LF 2:COLOR 1
380 LPRINT "SCHEITELWERT DER SPANNUNG "
390 TAB 3:LPRINT "Us :";USING "####.#";US;" Volt"
400 LF 1
410 LPRINT "SCHEITELWERT DER STROMSTAERKE":TAB 3
420 LPRINT "Is :";USING "####.#";IS;" Ampere"
430 LF 1:USING "##.##"
440 LPRINT "LEISTUNGSFAKTOR cos Phi :";ABS FC
450 LF 1
460 IF F>0LET K$=" (KaPozitiv)"
470 IF F=0GOTO 550
480 IF F<0LET K$=" (Induktiv)"
490 LPRINT "BLINDSTROM";K$
500 TAB 3:USING "####.#"
510 LPRINT "Ib :";ABS IB;" Ampere":LF 1
520 LF 1
530 IF ABS F=90GOTO 610
540 USING "###.#"
550 LPRINT "WIRKSTROM Iw :";IW;" Ampere"
```


LEISTUNG

- WECHSELSTROM -

PROGRAMM 1

P (t) = U (t) * I (t)

P = U eff * I eff * cos phi

```
SPANNUNG U eff :        380.0 Volt
STROMSTAERKE I eff :      4.5 Ampere
FREQUENZ f :            50.0 Hertz
PHASENWINKEL phi :       0.0 Grad

SCHEITELWERT DER SPANNUNG
    Us : 537.4 Volt

SCHEITELWERT DER STROMSTAERKE
    Is :    6.3 Ampere

LEISTUNGSFAKTOR cos phi : 1.00

WIRKSTROM Iw : 4.50 Ampere

WIRKLEISTUNG
    P : 1710.0 Watt


    - - - - - - - -


DAUER DES PROGRAMMLAUFES :
    1.0 Minuten  und   24.0 Sekunden
```

138

```
560 LF 1:USING "#####.#"
570 LPRINT "WIRKLEISTUNG "
580 TAB 3:LPRINT "P :";U*I*FC;" Watt"
590 LF 1
600 IF F=0GOTO 640
610 LPRINT "SCHEINLEISTUNG"
620 TAB 3:LPRINT "S :";U*I;" Volt.Ampere"
630 LF 1
640 IF F>0GOTO 670
650 IF F<0GOTO 720
660 GOTO 800
670 LPRINT "KOMPENSATION DER PHASE DURCH EINE"
680 LPRINT "SPULE MIT DER INDUKTIVITAET VON "
690 USING "####.########"
700 TAB 3:LPRINT ABS L;" Henry   MOEGLICH."
710 GOTO 800
720 LPRINT "KOMPENSATION DER PHASE DURCH EINEN"
730 LPRINT "KONDENSATOR MIT DER KAPAZITAET VON"
740 USING "#########.######"
750 TAB 3:LPRINT 1000000*ABS C;
760 LPRINT " uF MOEGLICH."
770 REM              * * *

780 REM         * PROGRAMMDAUER *

790 REM              * * *
800 COLOR 0:LF 3:USING
810 TAB 10:LPRINT "- - - - - - - -":LF 3
820 A=TIME :A1=INT (A*100 ):A2=10000*A-100*A1
830 LPRINT "DAUER DES PROGRAMMLAUFES :"
840 LPRINT A1;" Minuten  und";A2;" Sekunden"
850 LF 8
860 END


     STATUS 1 : 2306
     STATUS 1 (OHNE REM - ZEILEN) : 1822
```

LEISTUNG

- WECHSELSTROM -

PROGRAMM 1

```
P (t) = U (t) * I (t)

P = U eff * I eff * cos phi


SPANNUNG U eff :        220.0 Volt
STROMSTAERKE I eff :      2.0 Ampere
FREQUENZ f :             50.0 Hertz
PHASENWINKEL phi :      -37.0 Grad


SCHEITELWERT DER SPANNUNG
    Us : 311.1 Volt

SCHEITELWERT DER STROMSTAERKE
    Is :    2.8 Ampere

LEISTUNGSFAKTOR cos phi : 0.79

BLINDSTROM (Induktiv)
    Ib :    1.2 Ampere


WIRKSTROM Iw :  1.5 Ampere

WIRKLEISTUNG
    P :   351.3 Watt

SCHEINLEISTUNG
    S :   440.0 Volt.Ampere

KOMPENSATION DER PHASE DURCH EINEN
KONDENSATOR MIT DER KAPAZITAET VON
        17.414079 uF MOEGLICH.


        - - - - - - -


DAUER DES PROGRAMMLAUFES :
  1 Minuten  und 47 Sekunden
```

LEISTUNG

WECHSELSTROM

```
  5 "LEISTUNG 2"GOTO 50
 10 REM                * * *

 20 REM       * LEISTUNG *

 30 REM     * PROGRAMM 2 *

 40 REM                * * *
 50 "L":CLEAR :TIME =0
 60 CSIZE 4:COLOR 3
 70 LPRINT " LEISTUNG":CSIZE 2
 80 LPRINT "  - WECHSELSTROM -":LF 1:COLOR 0
 90 LPRINT "     PROGRAMM 2":LF 1:CSIZE 1
100 COLOR 2:CSIZE 1
110 LPRINT "P (t) = U (t) * I (t)"
120 LF 1
130 LPRINT "P = U eff * I eff * cos Phi"
140 LF 2:COLOR 0
150 BEEP 1,50,500:BEEP 2,70,400:BEEP 1,90,300
160 INPUT "SPANNUNG Ueff (V) : ";U
170 INPUT "STROMSTAERKE Ieff (A) : ";I
180 INPUT "PHASENWINKEL Phi : ";F
190 WAIT 10:PRINT "     GEDULD BITTE !"
200 IS=I*SQR 2:US=U*SQR 2
210 FC=COS F
220 FS=SIN F
230 IW=I*FC
240 IB=I*FS
250 IF F=0OR F=180GOTO 310
260 C=IB/(U*50*2*PI )
270 L=U/(IB*50*2*PI )
280 REM              * * *

290 REM         * DATEN *

300 REM              * * *
310 LPRINT "SPANNUNG U eff :";
320 USING "#####.#"
330 TAB 20:LPRINT U;" Volt"
340 LPRINT "STROMSTAERKE I eff :";
350 TAB 20:LPRINT I;" Ampere"
360 LPRINT "FREQUENZ f :          50.0 Hertz"
370 LPRINT "PHASENWINKEL Phi : ";
380 USING "####.#"
390 TAB 21:LPRINT F;" Grad"
400 LF 2:COLOR 1
410 LPRINT "SCHEITELWERT DER SPANNUNG "
420 TAB 3:LPRINT "Us :";US;" Volt":LF 1
430 LPRINT "SCHEITELWERT DER STROMSTAERKE"
440 TAB 3:LPRINT "Is :";IS;" Ampere":LF 1
450 USING "##.##"
460 LPRINT "LEISTUNGSFAKTOR cos Phi :";ABS FC
470 IF 1<IAND I<=3LET M=60
480 IF 3<IAND I<=6LET M=30
490 IF 6<IAND I<=9LET M=20
500 IF 9<IAND I<=12LET M=15
510 IF 12<IAND I<=15LET M=12
520 IF 15<ILET M=8
530 D=IB*M:LF 1
540 IF F>0LET K$=" (KaPozitiv)":LET A=D+25
550 IF F>0LET V=1:LET Q=7:LET Y=0
```

LEISTUNG

- WECHSELSTROM -

PROGRAMM 2

P (t) = U (t) * I (t)

P = U eff * I eff * cos phi

```
SPANNUNG U eff :        '80.0 Volt
STROMSTAERKE I eff :     5.0 Ampere
FREQUENZ f :           50.0 Hertz
PHASENWINKEL phi :    -90.0 Grad

SCHEITELWERT DER SPANNUNG
   Us : 254.5 Volt

SCHEITELWERT DER STROMSTAERKE
   Is :    7.0 Ampere

LEISTUNGSFAKTOR cos phi : 0.00

BLINDSTROM (Induktiv)
   Ib :    5.0 Ampere

SCHEINLEISTUNG
   S : 900.0 Volt.Ampere

KOMPENSATION DER PHASE DURCH EINEN
KONDENSATOR MIT DER KAPAZITAET VON
        88.419412 uF MOEGLICH.
```

Ueff   Ib   Iw   Ieff

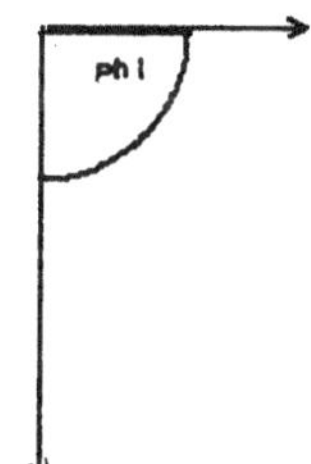

```
560 IF F=0LET A=50:GOTO 640
570 IF F<0LET K$=" (Induktiv)":LET Y=D
580 IF F<0LET A=50:LET V=-1:LET Q=-7
590 LPRINT "BLINDSTROM";K$
600 USING "####.#"
610 TAB 3:LPRINT "Ib :";ABS IB;" AmPere":LF 1
620 IF ABS F=90GOTO 700
630 USING "###.#"
640 LPRINT "WIRKSTROM Iw :";IW;" AmPere":LF 1
650 LPRINT "WIRKLEISTUNG "
660 USING "#####.#"
670 TAB 3:LPRINT "P :";U*I*FC;" Watt"
680 LF 1
690 IF F=0GOTO 720
700 LPRINT "SCHEINLEISTUNG"
710 TAB 3:LPRINT "S :";U*I;" Volt.AmPere":LF 1
720 IF F>0GOTO 750
730 IF F<0GOTO 800
740 GOTO 850
750 LPRINT "KOMPENSATION DER PHASE DURCH EINE"
760 LPRINT "SPULE MIT DER INDUKTIVITAET VON "
770 USING "####.########"
780 TAB 3:LPRINT ABS L;" Henry  MOEGLICH."
790 GOTO 850
800 LPRINT "KOMPENSATION DER PHASE DURCH EINEN"
810 LPRINT "KONDENSATOR MIT DER KAPAZITAET VON"
820 USING "#########.######"
830 TAB 3:LPRINT 1000000*ABS C;
840 LPRINT " uF MOEGLICH.":USING
850 BEEP 1,50,500:BEEP 2,70,400
860 WAIT 150:PRINT "ZEIGERDIAGRAMM UND LEIS-"
870 WAIT 150:PRINT "TUNGSKURVE ERWUENSCHT ?"
880 A$=INKEY$
890 INPUT "JA ODER NEIN (J/N) ";A$
900 IF A$="N"GOTO 1960
910 WAIT 1:PRINT "     GEDULD BITTE !":COLOR 0
920 LF 3:LPRINT "     ---------------------------"
930 REM            * * *

940 REM    * ZEIGERDIAGRAMM *

950 REM               * * *
960 CSIZE 2
970 LF 4:COLOR 0:LPRINT "Ueff";
980 COLOR 1:LPRINT "  Ib";
990 COLOR 2:LPRINT "  Iw";
1000 COLOR 3:LPRINT "  Ieff":CSIZE 1
1010 FF=1:IF F<0LET FF=-1
1020 W1=ABS F-23:W2=90-ABS F-23
1030 X1=M*IW-9*COS W1:Y1=D-FF*9*SIN W1
1040 X2=M*IW-9*SIN W2:Y2=D-FF*9*COS W2
1050 GRAPH
1060 GLCURSOR (10,-A):SORGN
1070 LINE (0,2)-(0.5*U,2),0,0
1080 LINE ((0.5*U)-7,5)-(0.5*U,2)-((0.5*U)-7,-1)
1090 IF ABS F=90GOTO 1130
1100 LINE (0,0)-(M*IW,0),0,2
1110 LINE ((M*IW)-7,3)-(M*IW,0)-((M*IW)-7,-3),0,2
1120 IF F=0GOTO 1260
1130 LINE (0,0)-(0,D),0,1
1140 LINE (-3,D-Q)-(0,D)-(3,D-Q),0,1
1150 IF ABS F=90GOTO 1190
1160 LINE (0,0)-(M*IW,D),0,3
1170 LINE (X1,Y1)-(M*IW,D)-(X2,Y2)
1180 LINE (M*IW,0)-(M*IW,D)-(0,D),3,3
1190 GLCURSOR (0,0)
1200 FOR I=0TO ABS F
1210 LINE -(50*COS I,U*50*SIN I),0,0
1220 NEXT I
```

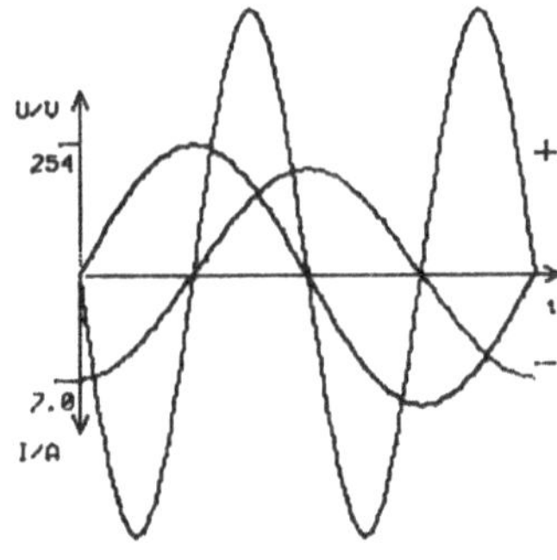

-- - - - - - -

DAUER DES PROGRAMMLAUFES :
5 Minuten und 6 Sekunden

```
1230 GLCURSOR (20,U*15)
1240 CSIZE 1
1250 LPRINT "Phi"
1260 GLCURSOR (-10,Y-80)
1270 TEXT :CSIZE 1:COLOR O
1280 LPRINT "         --------------------"
1290 REM             * * *

1300 REM * BESCHRIFTUNG/KOORDINATEN *

1310 REM             * * *
1320 LF 3:COLOR 2
1330 LPRINT "    -----     SPANNUNG"
1340 LF 1:COLOR 1
1350 LPRINT "    -----     STROMSTAERKE"
1360 LF 1:COLOR 3
1370 LPRINT "    -----     LEISTUNG"
1380 WAIT 10:PRINT "BITTE UM WEITERE GEDULD !"
1390 IF F=OLET H=250
1400 IF ABS F=90LET H=150
1410 IF O<ABS FAND ABS F<90LET H=220
1420 GRAPH
1430 GLCURSOR (25,-H):SORGN
1440 LINE (0,0)-(190,0),0,0
1450 LINE (183,3)-(190,0)-(183,-3)
1460 GLCURSOR (185,-15)
1470 CSIZE 1:LPRINT "t"
1480 LINE (0,0)-(0,70),0,2
1490 LINE (-3,63)-(0,70)-(3,63),0,2
1500 LINE (-8,50)-(0,50),0,2
1510 GLCURSOR (-25,60)
1520 LPRINT "U/V"
1530 GLCURSOR (-25,40)
1540 LPRINT USING "####";US
1550 REM             * * *

1560 REM     * SPANNUNGSKURVE *

1570 REM             * * *
1580 GLCURSOR (0,0)
1590 FOR T=OTO 360STEP 5
1600 U=50*SIN T
1610 LINE -(T/2,U),0,2
1620 NEXT T
1630 LINE (0,0)-(0,-60),0,1
1640 LINE (-3,-53)-(0,-60)-(3,-53),0,1
1650 LINE (-10,-40)-(0,-40),0,1
1660 GLCURSOR (-25,-70)
1670 LPRINT "I/A"
1680 GLCURSOR (-25,-51)
1690 LPRINT USING "###.#";IS
1700 REM             * * *

1710 REM     * STROMKURVE *

1720 REM             * * *
1730 GLCURSOR (0,40*SIN F)
1740 FOR T=OTO 360STEP 5
1750 I=40*SIN (T+F)
1760 LINE -(T/2,I),0,1
1770 NEXT T
```

LEISTUNG

- WECHSELSTROM -

PROGRAMM 2

P (t) = U (t) * I (t)

P = U eff * I eff * cos phi

```
SPANNUNG U eff :        220.0 Volt
STROMSTAERKE I eff :      8.0 Ampere
FREQUENZ f :            50.0 Hertz
PHASENWINKEL phi :     -15.0 Grad
```

SCHEITELWERT DER SPANNUNG
    Us : 311.1 Volt

SCHEITELWERT DER STROMSTAERKE
    Is :   11.3 Ampere

LEISTUNGSFAKTOR cos phi : 0.96

BLINDSTROM (Induktiv)
    Ib :   2.0 Ampere

WIRKSTROM Iw :   7.7 Ampere

WIRKLEISTUNG
    P : 1700.0 Watt

SCHEINLEISTUNG
    S : 1760.0 Volt.Ampere

KOMPENSATION DER PHASE DURCH EINEN
KONDENSATOR MIT DER KAPAZITAET VON
        29.958058 uF MOEGLICH.

Ueff   Ib   Iw   Ieff

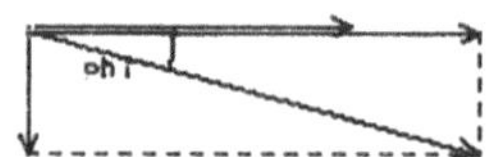

```
1780 REM            * * *

1790 REM    * LEISTUNGSKURVE *

1800 REM            * * *
1810 GLCURSOR (0,0)
1820 FOR T=0TO 360STEP 5
1830 U=50*SIN T
1840 I=40*SIN (T+F)
1850 P=U*I
1860 LINE -(T/2,P/10),0,3
1870 NEXT T
1880 GLCURSOR (180,40):CSIZE 2
1890 LPRINT "+"
1900 GLCURSOR (180,-40)
1910 LPRINT "-"
1920 GLCURSOR (0,-200)
1930 REM            * * *

1940 REM    * PROGRAMMDAUER *

1950 REM            * * *
1960 TEXT :CSIZE 1:COLOR 0:LF 3
1970 TAB 10:LPRINT "- - - - - - - - -"
1980 LF 3:USING
1990 A=TIME :A1=INT (A*100)
2000 A2=10000*A-100*A1
2010 LPRINT "DAUER DES PROGRAMMLAUFES :"
2020 LPRINT A1;" Minuten und";A2;" Sekunden"
2030 LF 8
2040 END

     STATUS 1 : 5025
     STATUS 1 (OHNE REM - ZEILEN) : 3836
```

```
---------------------

-----  SPANNUNG
-----  STROMSTAERKE
-----  LEISTUNG
```

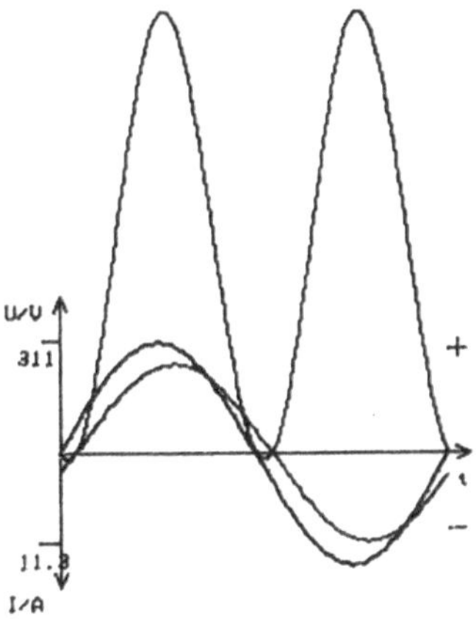


```
- - - - - - - - -

DAUER DES PROGRAMMLAUFES :
 4 Minuten und 52 Sekunden
```

Siehe Farbanhang 8

FARBANHANG

MikroComputer–Praxis

Die Teubner-Buchreihe für Ausbildung, Beruf, Freizeit und Hobby

Duenbostl/Oudin: **BASIC-Physikprogramme**
152 Seiten. DM 23,80

Erbs/Stolz: **Einführung in die Programmierung mit PASCAL**
232 Seiten. DM 22,80

Haase/Stucky/Wegner: **Datenverarbeitung heute**
284 Seiten. DM 21,80

Hainer: **Numerik mit BASIC-Tischrechnern**
In Vorbereitung

Klingen/Liedtke: **Programmieren mit ELAN**
207 Seiten. DM 22,80

Lehmann: **Lineare Algebra mit dem Computer**
285 Seiten. DM 23,80

Löthe/Quehl: **Systematisches Arbeiten mit BASIC**
188 Seiten. DM 19,80

Menzel: **BASIC in 100 Beispielen**
3. Aufl. 214 Seiten. DM 22,80

    — **mit Diskette:** Alle BASIC-Programme in APPLESOFT
DM 62,—

Menzel: **Dateiverarbeitung mit BASIC**
In Vorbereitung

    — **mit Diskette:** Alle BASIC-Programme in CP/M-Version und APPLE-DOS
3.3-Version sowie eine Testdatei
In Vorbereitung

Nievergelt/Ventura: **Die Gestaltung interaktiver Programme**
124 Seiten. DM 21,80

    — **mit Diskette:** UCSD-Pascal-Programme für den Apple II Computer
DM 59,80

Ottmann/Schrapp/Widmayer: **PASCAL in 100 Beispielen**
In Vorbereitung

    — **mit Diskette:** UCSD-Pascal-Programme für den Apple II Computer
In Vorbereitung

Die Reihe wird durch weitere Bände fortgesetzt.

Preisänderungen vorbehalten

 B. G. Teubner Stuttgart

1. BROWN SCHE MOLEKULARBEWEGUNG

PROGRAMM 2

DIE LINIEN SIMULIEREN DEN BEWEGUNGS-
ABLAUF EINES FETTTROEPFCHENS IN VER-
DUENNTER MILCH ODER DEN EINES RAUCH-
PARTIKELS IN LUFT !

DARSTELLUNG VON JEWEILS
40 AUFEINANDERFOLGENDEN
BEWEGUNGSABSCHNITTEN !

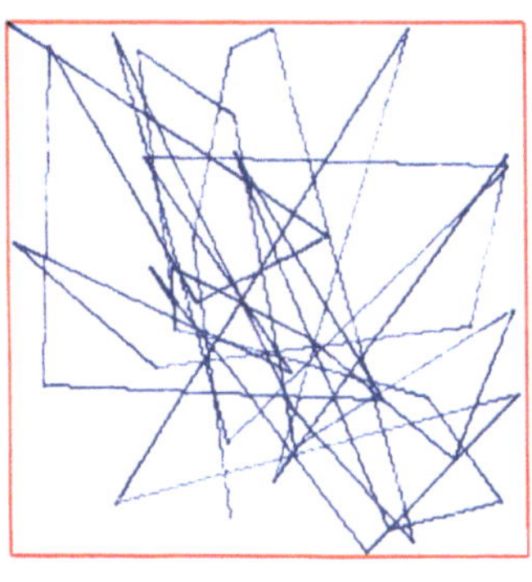

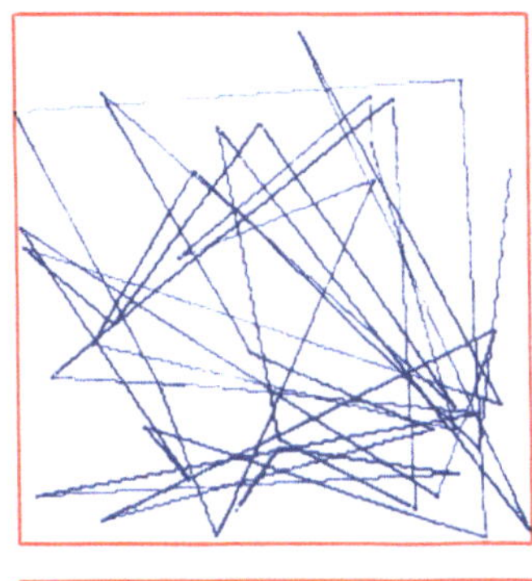

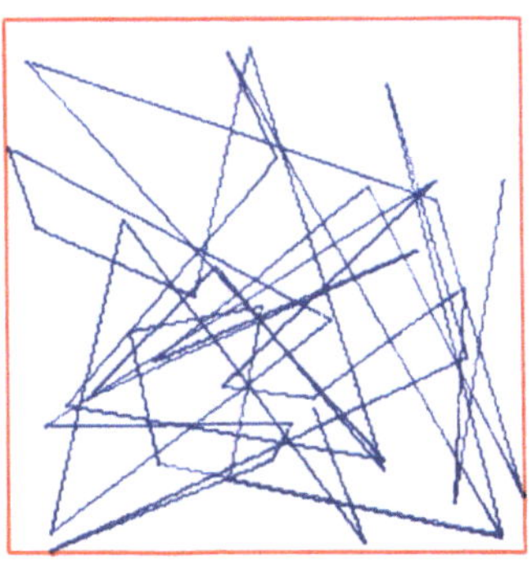

3. GLEICHFOERMIGE BEWEGUNG

PROGRAMM 2

1. GESCHWINDIGKEIT v 1 :
   15 Meter/Sekunde

2. GESCHWINDIGKEIT v 2 :
   40 Meter/Sekunde

3. GESCHWINDIGKEIT v 3 :
   95 Meter/Sekunde

WEG-ZEIT - DIAGRAMM

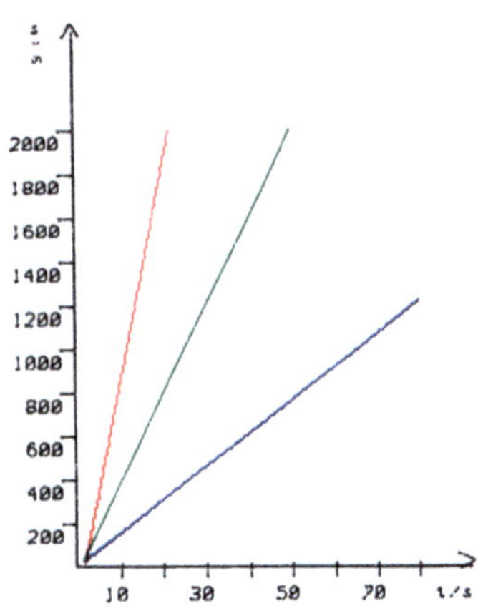

GESCHWINDIGKEITS-ZEIT - DIAGRAMM

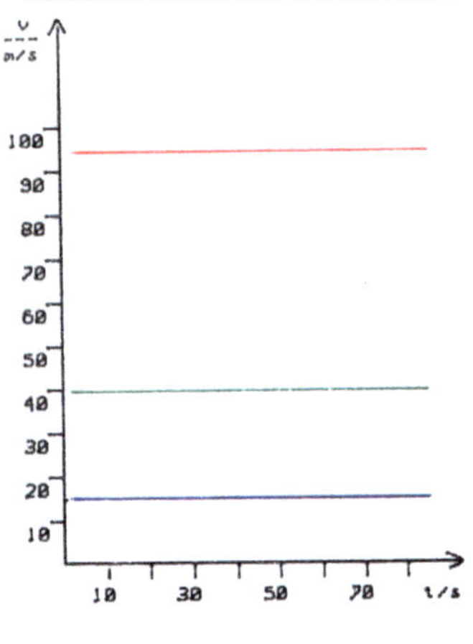

DAUER DES PROGRAMMLAUFES :
2 Minuten und 39 Sekunden

4. SCHIEFER WURF

ABSCHUSSGESCHWINDIGKEIT :
(Meter/Sekunde)

V 1	V 2	V 3
50.0	64.0	100.0

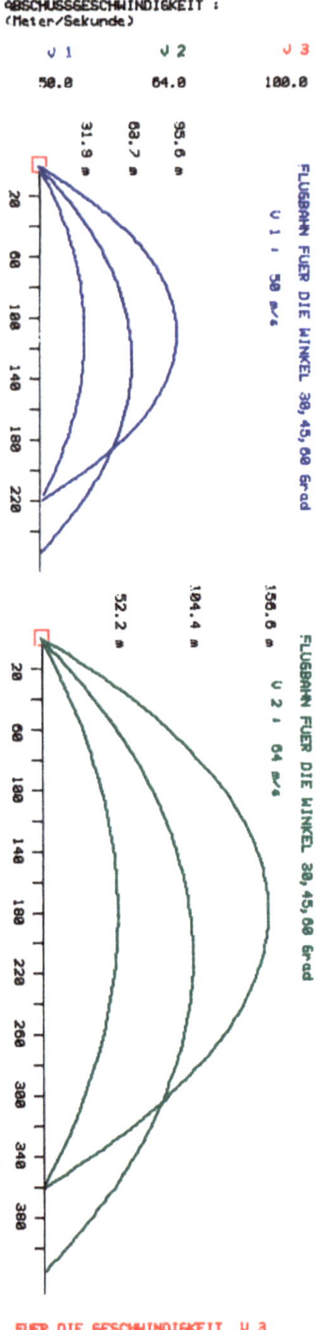

5. WURFBAHN MIT LUFTWIDERSTAND

PROGRAMM 2

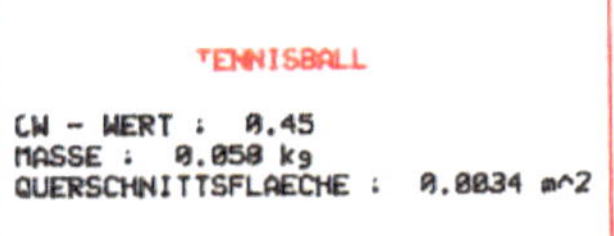

DICHTE DER LUFT : 1.3 kg/m^3

ABSCHUSSGESCHWINDIGKEIT : 30 m/s

ABSCHUSSWINKEL : 45 Grad

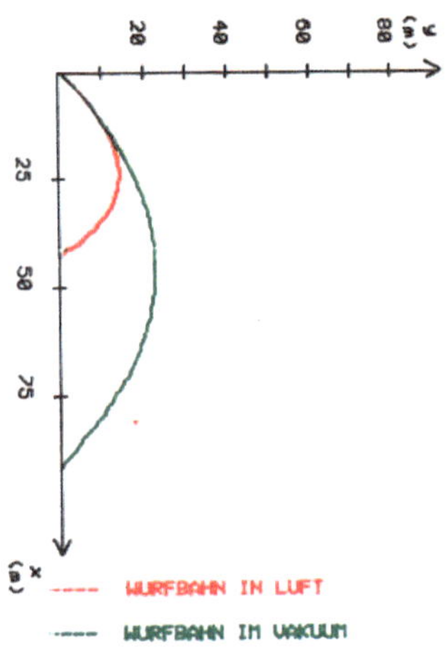

WURFDAUER : 3.4 s
WURFWEITE : 43.63 m
WURFHOEHE : 14.05 m

MAXIMALE HOEHE NACH 1.55 s

WURFBAHN OHNE BERUECKSICHTIGUNG
DES LUFTWIDERSTANDES :

WURFDAUER : 4.32 s
WURFWEITE : 91.74 m
WURFHOEHE : 22.94 m

MAXIMALE HOEHE NACH 2.16 s

- - - - - - - -

DAUER DES PROGRAMMLAUFES :
5 Minuten und 2 Sekunden

6. TURMSPRINGER

PROGRAMM 3

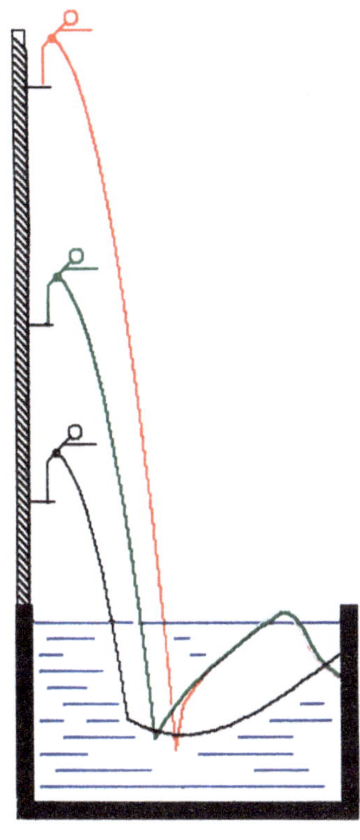

SPRUNG VOM 2 m - BRETT :

EINTAUCHTIEFE : 1.9 Meter

SPRUNG VOM 5 m - BRETT :

EINTAUCHTIEFE : 2 Meter

SPRUNG VOM 9 m - BRETT :

EINTAUCHTIEFE : 2.2 Meter

H I N W E I S :

DIE DARGESTELLTE LINIE ENTSPRICHT
NICHT DER TATSAECHLICHEN BEWEGUNG,
SONDERN STELLT DIE ZEITLICHE
AUFLOESUNG DER BEWEGUNG DAR !

BEOBACHTUNGSZEITRAUM : 3.6 SEKUNDEN

IN DIESEM PROGRAMM WURDE NUR
DER REIBUNGSWIDERSTAND IN WASSER
BERUECKSICHTIGT !

7. SATELLITENBAHN

PROGRAMM 2

ABSCHUSSBEDINGUNGEN :

HOEHE UEBER ERDE : 10000 km
GESCHWINDIGKEIT : 8 km/s
WINKEL : 30 GRAD

ZEITSCHRITT : 100 s

 o .. START

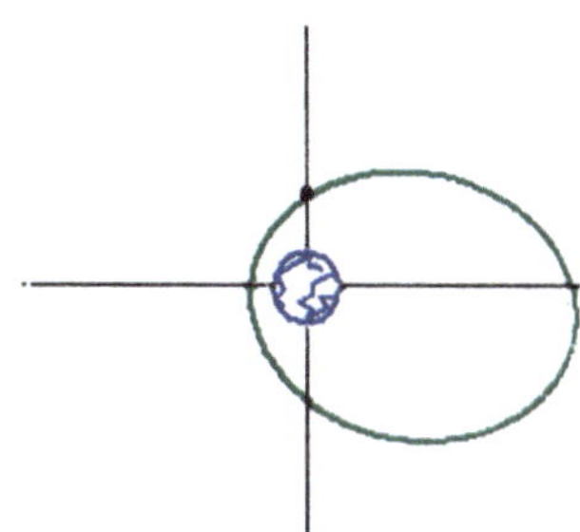

DAUER DES PROGRAMMLAUFES :
 8 Minuten und 2 Sekunden

WURFBAHN

PROGRAMM 2

ABSCHUSSGESCHWINDIGKEIT : 5 km/s
ABSCHUSSWINKEL : 45 Grad

WURFWEITE : 2548 km
WURFHOEHE : 637 km
FLUGDAUER : 720.8 s

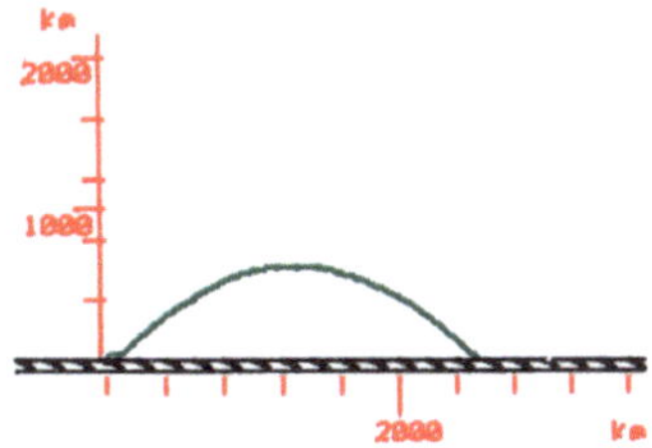

DAUER DES PROGRAMMLAUFES :
 1 Minuten und 32 Sekunden

9. AMPLITUDEN-MODULATION

MIT DIESEM PROGRAMM SOLL EINERSEITS
DER UNTERSCHIED ZWISCHEN
ADDITION UND AMPLITUDENMODULATION
ANDERERSEITS DAS
PRINZIP DER DEMODULATION
GEZEIGT WERDEN !

DIE SIGNALSPANNUNG IST JEWEILS EINE
SINUS - , DREIECK - , UND
RECHTECKSPANNUNG GLEICHER FREQUENZ
UND GLEICHER AMPLITUDE.

SIGNALFREQUENZ

w = 4   Us = 20

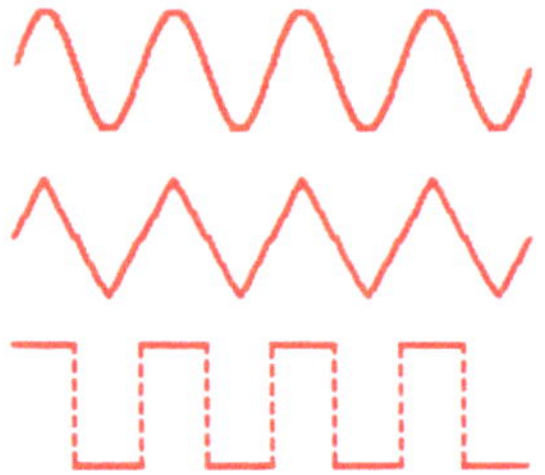

TRAEGERFREQUENZ

w = 30   Ut = 30

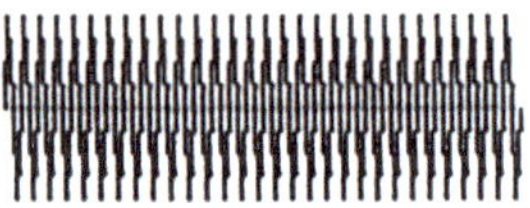

ADDITION

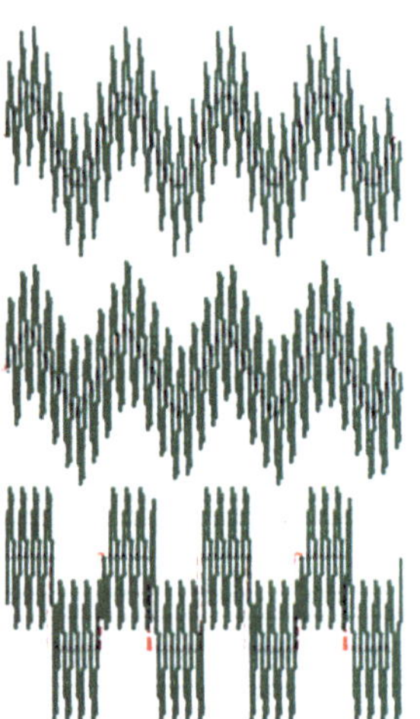

MODULATION

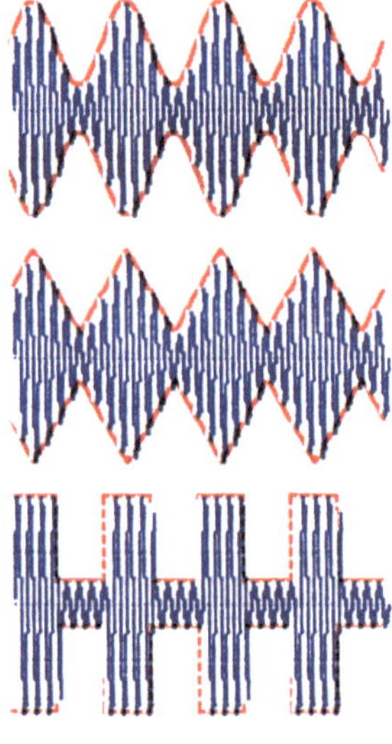

DEMODULATION

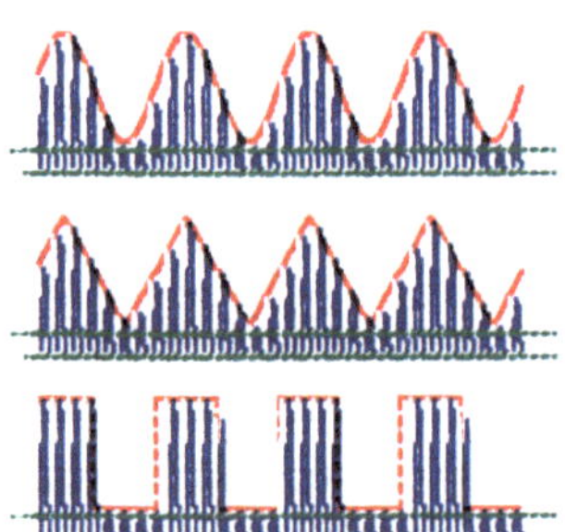

U s ... AMPLITUDE DER SIGNALSPANNUNG

U t ... AMPLITUDE D. TRAEGERSPANNUNG

M ...   MODULATIONSGRAD

M = U s / Ut

M = 66.7 %

- - - - - - -

DAUER DES PROGRAMMLAUFES :
58 Minuten und 13 Sekunden

10. LICHTBRECHUNG

MEDIUM 1 : LUFT
$$n_o = 1.000292$$

MEDIUM 2 : FLINTGLAS
$$n_o = 1.755000$$

LUFT

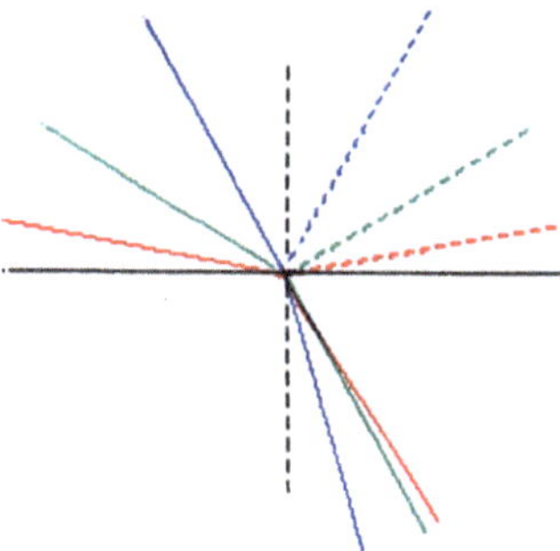

PLANPARALLELE PLATTE

DIE LICHTSTRAHLEN SIND BEIM
VERLASSEN DER PLATTE PARALLEL ZU
DEN EINFALLENDEN STRAHLEN .

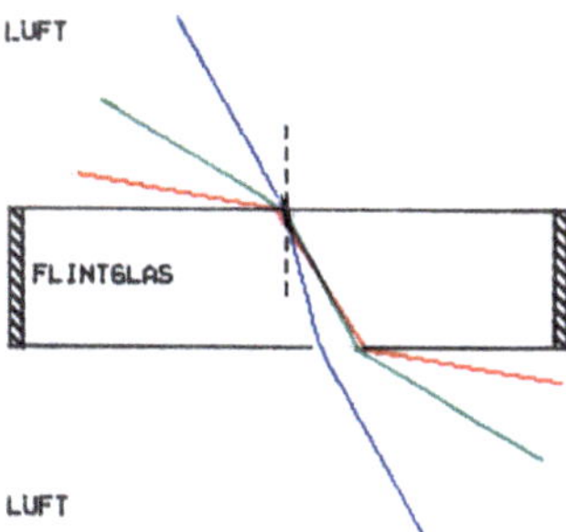

PARALLELVERSCHIEBUNG DURCH EINE
PLATTE VON 1 cm DICKE :

2.4 mm
5.8 mm
8.6 mm

DIE REFLEXION AN DEN GRENZFLAECHEN
WURDE JEWEILS VERNACHLAESSIGT !

PRISMA

DIE LICHTSTRAHLEN WERDEN BEIM
DURCHGANG DURCH EIN OPTISCHES
PRISMA ZWEIMAL GEBROCHEN.
DER ABLENKWINKEL DELTA WIRD
BERECHNET UND ANGEGEBEN.

DAS PRISMA BESTEHT AUS
FLINTGLAS
DAS UMGEBENDE MEDIUM IST
LUFT

DER BRECHENDE WINKEL DES
PRISMAS BETRAEGT 60 Grad

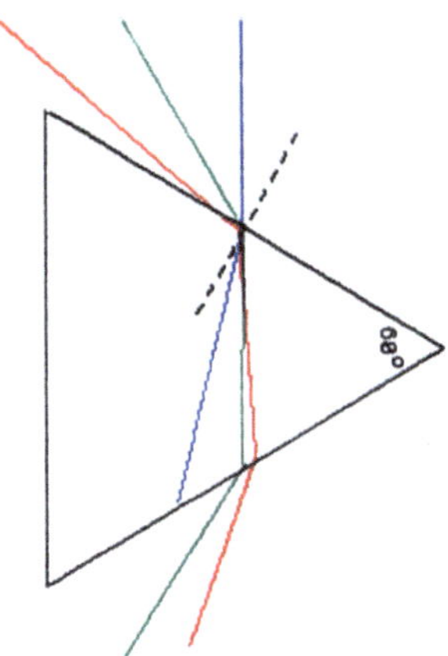

TOTALREFLEXION IM PRISMA

ABLENKWINKEL :

62.4828 Grad
69.5453 Grad

RELATIVER BRECHUNGSQUOTIENT :
$$n_{1,2} = 1.754487$$

LICHTGESCHWINDIGKEIT IN LUFT :
$$c_1 = 299705 \text{ km/s}$$

LICHTGESCHWINDIGKEIT IN FLINTGLAS :
$$c = 170822 \text{ km/s}$$

POLARISATION :

BREWSTERSCHER WINKEL : 60.1905 Grad

TOTALREFLEXION :

BEI DIESER MEDIENKOMBINATION
PRINZIPIELL UNMOEGLICH, DA
MEDIUM 2 OPTISCH DICHTER !

11. KONVEXLINSE

PROGRAMM 2

ABBILDUNG DURCH EINE SAMMELLINSE

BRENNWEITE : 50
GEGENSTANDSWEITE : 90
GROESSE DES GEGENSTANDES : 50

ZUR BILDKONSTRUKTION WIRD EIN
PARALLELSTRAHL UND EIN
BRENNPUNKTSTRAHL VERWENDET.

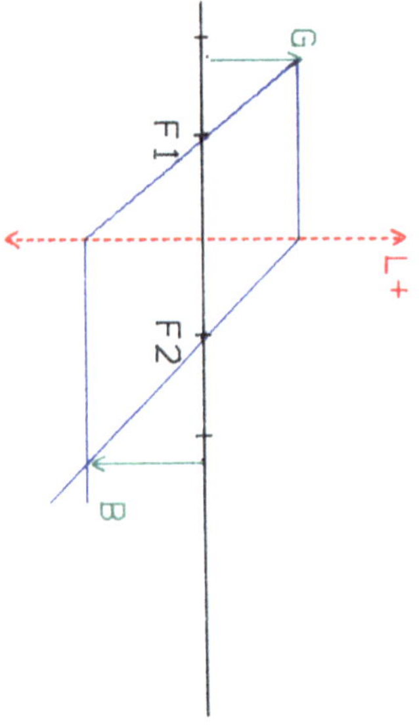

BILDGROESSE : 62
BILDWEITE : 112

VEGROESSERUNG : 1.25

DAS BILD IST REELL,
VERKEHRT UND VERGROESSERT.

- - - - - - -

DAUER DES PROGRAMMLAUFES :
3 Minuten und 5 Sekunden

12. KONKAVLINSE

PROGRAMM 2

ABBILDUNG DURCH EINE
ZERSTREUUNGSLINSE

BRENNWEITE : 120
GEGENSTANDSWEITE : 150
GROESSE DES GEGENSTANDES : 100

ZUR BILDKONSTRUKTION WIRD EIN
PARALLELSTRAHL UND EIN
BRENNPUNKTSTRAHL VERWENDET.

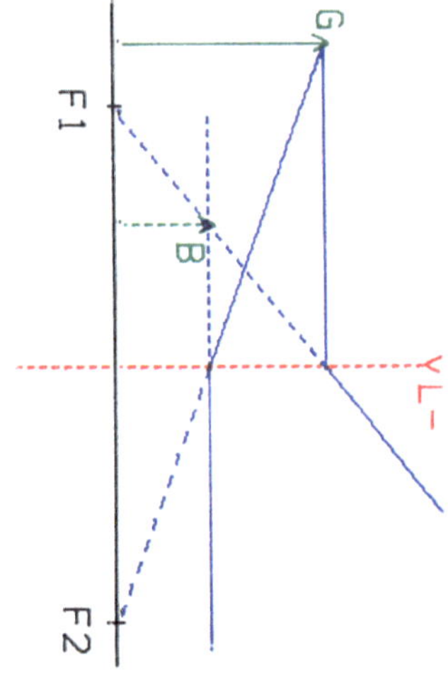

BILDGROESSE : 44.4
BILDWEITE : 66.6

VERKLEINERUNG : 0.44

DAS BILD IST VIRTUELL,
AUFRECHT UND VERKLEINERT.

. - - - - - -

DAUER DES PROGRAMMLAUFES :
2 Minuten und 11 Sekunden

13. LORENTZ – TRANSFORMATION

PROGRAMM 2

$$\bar{X} = K \cdot (X - U \cdot T)$$

$$\bar{\bar{Y}} = Y$$

$$\bar{Z} = Z$$

$$\bar{T} = K \cdot (T - U \cdot X / C^2)$$

$$K = 1 / \sqrt{(1 - v^2 / o^2)}$$

$- \bar{} - \bar{}$

RUHENDES SYSTEM : !

BEWEGTES SYSTEM : Ī

U = 0.30 C

$$\bar{X} = 1.05 X - 0.31 C \cdot T$$

$$\bar{Y} = Y$$

$$\bar{Z} = Z$$

$$\bar{T} = 1.05 T - 0.31 X / C$$

K = 1.05

ALS BEISPIEL WERDEN 2 PUNKTE A und B VON BEIDEN SYSTEMEN AUS BETRACHTET :

	x	t	x̄	t̄
A	1.00	1.25	0.66	1.00
B	1.50	1.00	1.26	0.58

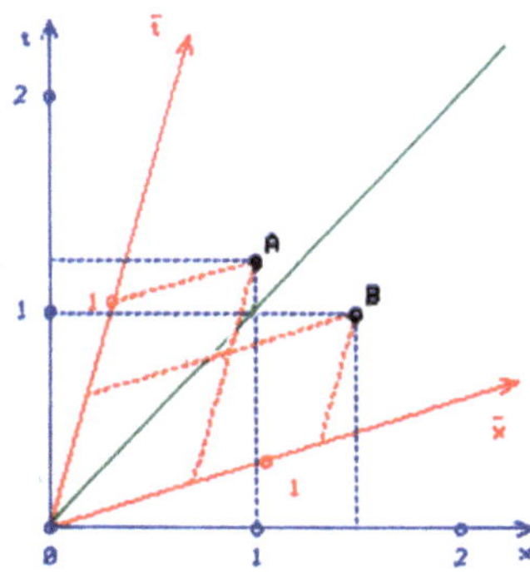

x, x̄ ... in Lichtsekunden (3.10⁸ m)

t, t̄ ... in Sekunden

14. RELATIVITAETS – THEORIE

PROGRAMM 2

FUER EIN MIT DER GESCHWINDIGKEIT v BEWEGTES SYSTEM WIRD DER ZUSAMMEN- HANG ZWISCHEN LAENGE, MASSE UND ZEIT DARGESTELLT.

RUHENDES SYSTEM	BEWEGTES SYSTEM
v = 0	v = 0.70 c

LAENGENKONTRAKTION

VERKUERZUNG UM 29 %

LAENGE : 1.00	LAENGE : 0.71
LAENGE : 1.40	LAENGE : 1.00

ZEITDILATATION

ZEITDEHNUNG UM 40 %

ZEIT : 1.00	ZEIT : 1.40
ZEIT : 0.71	ZEIT : 1.00

DYNAMISCHE MASSE

MASSENZUNAHME UM 40 %

MASSE : 1.00	MASSE : 1.40
MASSE : 0.71	MASSE : 1.00

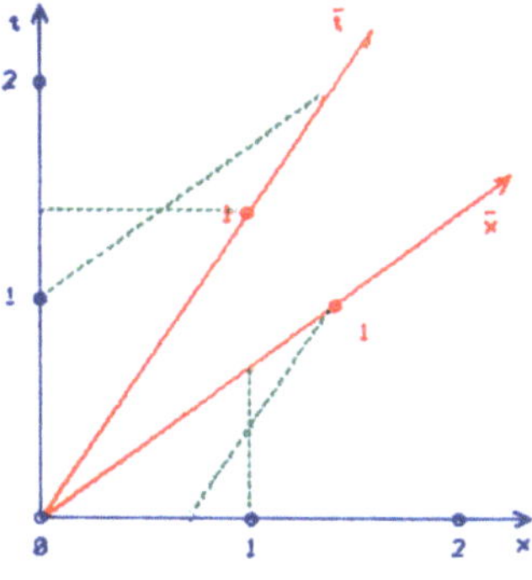

x, x̄ ... in Lichtsekunden (3.10⁸ m)

t, t̄ ... in Sekunden

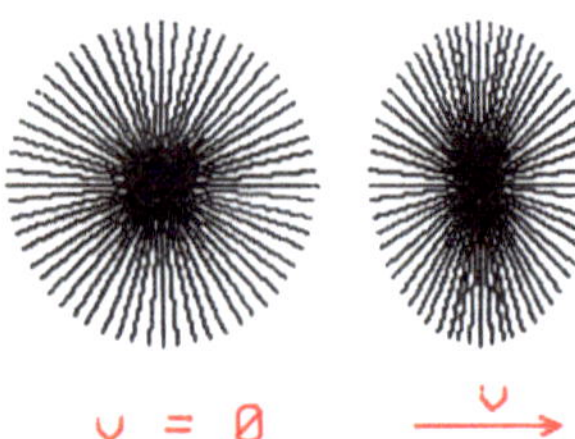

VERGLEICH DES RELATIVISTISCHEN
AUSDRUCKS FUER DIE KINETISCHE
ENERGIE EINES TEILCHENS MIT
DEN VORHERSAGEN DER THEORIE
NACH NEWTON.

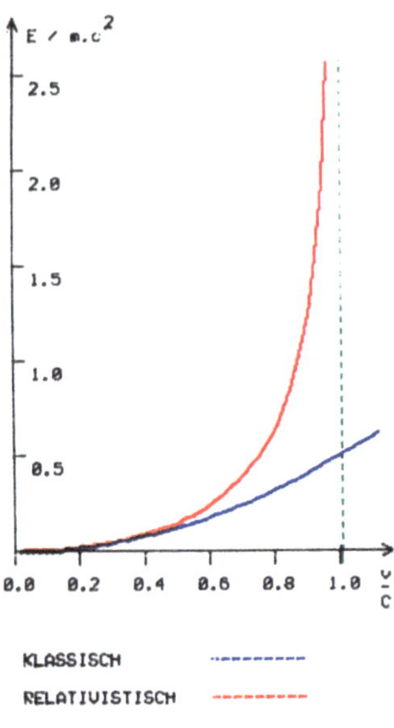

SCHEITELWERT DER SPANNUNG
   Us : 537.4 Volt

SCHEITELWERT DER STROMSTAERKE
   Is :   7.0 Ampere

LEISTUNGSFAKTOR cos phi : 0.65

BLINDSTROM (Kapazitiv)
   Ib :   3.7 Ampere

WIRKSTROM Iw :   3.2 Ampere

WIRKLEISTUNG
   P : 1246.5 Watt

SCHEINLEISTUNG
   S : 1900.0 Volt.Ampere

KOMPENSATION DER PHASE DURCH EINE
SPULE MIT DER INDUKTIVITAET VON
   0.3205411 Henry MOEGLICH.

Ueff   Ib   Iw   Ieff

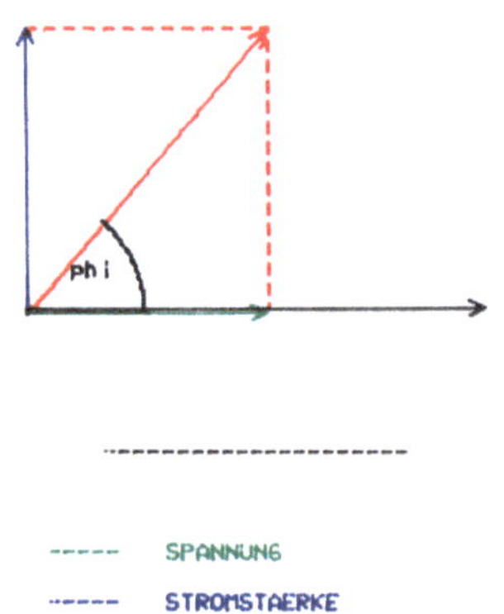

15. LEISTUNG

– WECHSELSTROM –

PROGRAMM 2

$$P(t) = U(t) * I(t)$$

$$P = U_{eff} * I_{eff} * \cos phi$$

SPANNUNG U eff :   380.0 Volt
STROMSTAERKE I eff :   5.0 Ampere
FREQUENZ f :   50.0 Hertz
PHASENWINKEL phi :   49.0 Grad

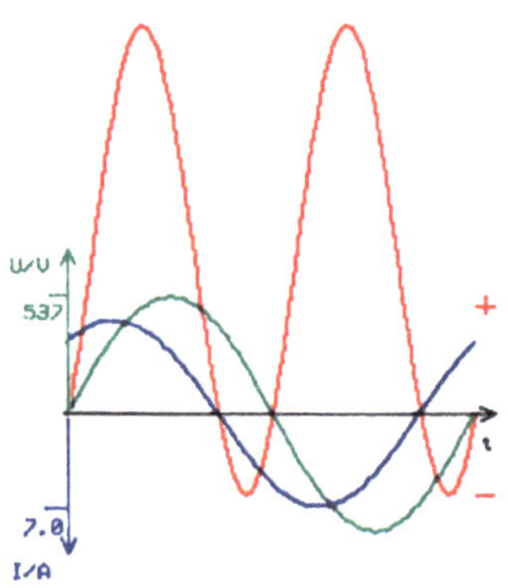